普通高等教育"十二五"规划教材

现代景观建筑设计

主　编　逯海勇
副主编　李显秋　贾安强　苏　姗

U0280518

中国水利水电出版社
www.waterpub.com.cn

内 容 提 要

  本书从学科前沿角度出发，着力探讨现代景观建筑的新设计、新案例、新材料、新工艺和新技术，将国内外现代设计的最新理念和研究成果应用到设计案例中，使读者便于把握理解现代景观建筑设计的内涵。同时，考虑到现代景观建筑设计是以功能、技术、艺术等多方面的知识作为支撑，书中也对现代景观建筑的材料应用、结构应用、设计表现等问题进行了讨论。全书论述范围广泛，是目前国内较为详尽、系统地研究景观建筑设计的一部教材。

  本书既可作为全国普通院校景观建筑设计、景观设计、建筑学、城市规划、环境艺术设计等专业师生的教材用书，也可供从事工程实践或相关设计人员的学习和参考。

图书在版编目（CIP）数据

现代景观建筑设计/逯海勇主编. —北京：中国
水利水电出版社，2013.1（2019.2 重印）
 普通高等教育"十二五"规划教材
 ISBN 978 - 7 - 5170 - 0628 - 2

Ⅰ.①现… Ⅱ.①逯… Ⅲ.①景观-环境设计-高等
学校-教材 Ⅳ.①TU - 856

中国版本图书馆 CIP 数据核字（2013）第 022376 号

书　　名	普通高等教育"十二五"规划教材 **现代景观建筑设计**
作　　者	主编　逯海勇　副主编　李显秋　贾安强　苏姗
出版发行	中国水利水电出版社 （北京市海淀区玉渊潭南路 1 号 D 座　100038） 网址：www. waterpub. com. cn E - mail：sales@waterpub. com. cn 电话：（010）68367658（营销中心）
经　　售	北京科水图书销售中心（零售） 电话：（010）88383994、63202643、68545874 全国各地新华书店和相关出版物销售网点
排　　版	北京时代澄宇科技有限公司
印　　刷	北京博图彩色印刷有限公司
规　　格	210mm×285mm　16 开本　13.25 印张　395 千字
版　　次	2013 年 1 月第 1 版　2019 年 2 月第 3 次印刷
印　　数	5001—7000 册
定　　价	**58.00** 元

Preface 前言

　　设计发展到今天，全球一体化以及生态环境危机促使设计领域的多学科交叉共融成为必然趋势。当代建筑形态的发展与景观形态深层次的整合方兴未艾，也愈来愈成为人们关注的焦点。作为将生态、文化、美学、社会等学科作为建筑设计支撑的景观建筑而言，其设计与理论的研究已经成为建筑学领域最具研究价值和发展潜能的学术核心。景观建筑所指已经确定不仅仅局限于那些具有较高的审美价值、供人休息游赏的空间环境的概念，而试图去包含一定区域内大地表面自然化的实体存在、人工化的实体存在以及相应的空间的总和。

　　景观建筑设计作为一门实践性较强的应用型科目，学生不仅要学习建筑设计的基础知识、相关技术、建筑材料、设计规范以及表达技巧等单纯设计内容，更应学会熟练地分析研究基地环境的方法，这个研究范围不仅包括熟悉掌握环境的地貌地形、空间形态、围和尺度、植被、气候等要素，同时对软环境要素也应有充分的了解，诸如历史、文化、语言、社会学、民俗学、行为心理学等，从软、硬两个方面着手分析景观建筑设计的出发点与依据，从中寻求景观建筑设计的契机。作为教师不仅仅是传授相关的基本理论和专业技能，更重要的是如何培养学生的逻辑能力与设计思维过程及方法。"授人以鱼不如授人以渔"，设计方法的传授才是设计教学最为本质的东西。鉴于此，本书在介绍现代景观建筑设计基本理论的同时，也概括介绍了部分与之相关的学科，尤其强调理论与实践相结合，强化实践教学环节，侧重景观建筑设计方法的训练，注重培养学生的动手能力，使学生更加清晰地明确教学目的所在，积极主动地完成本阶段的课程学习，学会在实践中思考，举一反三，不断磨炼自己，成为高素质的优秀专业人才。

　　本书结合国内外优秀景观建筑实例，全面、系统地阐述现代景观建筑设计的内容，全书共分6章，第1章主要阐述现代景观建筑设计的概念及特点，以及现代景观建筑的变迁；第2章主要阐述现代景观建筑设计理念的多义性和广延性，分析了景观建筑设计与多学科之间的交叉关系；第3章主要介绍了现代景观建筑设计空间的构成，使学生掌握景观建筑设计视觉元素及形式美法则、空间构成与限定；第4章介绍了现代景观建筑建构的理性特征，建构的多重意义以及"技术思维"下的良性思考方法；第5章详细介绍现代景观建筑设计方法，包括设计前期分析、设计资料搜集、设计方法和详细步骤；第6章主要介绍了现代景观建筑设计经典案例并加以分析，目的在于激发学生对现代景观建筑设计的兴趣，并在形式创新和技术表现上作深入研讨。各章内容图文并茂，彼此衔接，紧密联系，易于理解，便于掌握。全书论述范围广泛，是目前国内较为详尽、较为系统地研究景观建筑设计的一部教材。

　　本书由山东农业大学逯海勇担任主编，主要编写第1章、第2章和第6章，云南农业大学李显秋编写第3章；新疆塔里木大学苏姗编写第5章；河北农业大学贾安强编写第4章，全书由逯海勇进行统稿。本书在编写过程中吸收了部分专家学者的理论成果，在每章末已注明参考书目，书中引用插图多系近年收集的教学图片，部分图片来源于网络，由于时间已久，难以标明其来源，在此向原作者表示诚挚的谢意。另外还要感谢中国水利水电出版社以及各高校相关专家的大力支持。

限于编写时间紧迫，加之作者学识水平有限，书中不妥之处在所难免，敬请专家、读者批评斧正。

作者

2012 年 8 月于泰山

Contents 目 录

第1章
现代景观建筑设计概述

● **学习目标**

1.通过学习，了解现代景观建筑设计的概念及特点，了解现代景观建筑的变迁以及景观建筑与多学科之间的相互交叉，从概念上明确建筑与景观之间的关系。

2.深入研究建筑与环境之间的关系特征，选择建筑与环境的处理方式，构建二者的内在关联。

3.理解现代艺术以及各种艺术运动对现代景观建筑设计的影响。

● **学习重点和建议**

1.掌握现代景观建筑设计的概念，提高专业知识理论修养。

2.认识景观建筑设计学科在专业学习中的重要性。

3.本章建议 6 学时。

1.1 现代景观建筑设计的概念界定及特点

建筑作为人类社会经济、文化发展的产物，是现代社会文明的标志，其产生与发展贯穿于整个人类社会发展历程。而景观建筑作为一种新的建筑创作理念，其特点是把景观分析融入建筑的设计之中，通过景观评价来确定建筑在景观体系和自然环境中的角色定位。从现代景观学的视角来看，建筑实际处在由人、环境、社区、城市以及地球所组成的大系统中，其本身就是景观的一个有机组成部分，并具备一定的景观属性。良好的景观建筑设计，不仅可以突出建筑的个性和特色，还可以协调空间环境的整体形象。因此，如何构筑当代景观建筑是值得深入探讨的。

1.1.1 现代景观建筑设计的概念界定

1.1.1.1 景观

"景观"的概念在不同领域有着不同的解释，运用相当广泛。

从英语词源看，"Landscape"一词最早可追溯到 1589 年，源于荷兰语"Landschap"，用来描述北海的填海造田，因而它在荷兰最初的含义只是"地区"，或"一块土地"。但随着荷兰风景画的发展，逐渐获得了艺术上的意义，成为一种特定的、对自然的观赏方式。16 世纪晚期，"Landscape"一词随着荷兰风景画传入英国语言中，被赋予了"描绘大地风景的绘画"的含义。18 世纪后，英国学派的园林设计师们直接或间接地将绘画作为园林设计的范本，将风景画中的主题与造型移植到了园林设计过程中，这样创造的景观形式都类似于风景画，从而"景观"同"造园"直接联系了起来，并与设计行业有了密切的关系。

在汉语中"景观"一词的含义非常丰富，既包含了"风景、景色、景致"之意，又用"观"字表达了观察者的感受，这与近代西方流行的一种将景观视为被生物体所感知的环境的认识有异曲同工之妙。

20 世纪初，"Landscape"一词又被景观规划师和设计师重新定义，往往指的是"如何创造一个好的场所"，开始赋予这个词一种"可评价的意义。"20 世纪英国最重要的景观和规划理论家帕特里克·格迪斯还赋予景观以乌托邦的意义。他认为："对自然这种总体的看法，出于对她的秩序和美的保护性建造，不仅仅是工程上的，它更是高明的艺术，比街道规划更广泛，它是景观创造，因此它是和城市设计结合在一起的。"在这里，景观和土地使用首次联系在了一起。麦克哈格 1968 年在《设计结合自然》一书中，也将景观扩展到宏观的区域范围加以考虑。而迈克尔·霍夫（Michael Hough）在 1984 年出版的著作中指出："为了寻求对城市生态系统和自然资源的管理，需要在土地利用中建立一种联系，从而规划一个'多功能'的景观。"在他们的影响下，西方对景观的认识逐渐从关注私人生活空间的舒适转向关注公共空间、整体社区生活空间和城镇发展环境，甚至区域、全球范围的生态平衡及其协调发展。

可以说人类与景观的交融史贯穿了人类文化成就的始终。从远古神秘的巨石，到今天极简主义的大地艺术，人类不断追求着符合自身理想的景观，这一历程体现了人类与自然关系演变的历程，人类心灵发展的历程，也映射了人类社会形态变化的历程（图 1.1）。技术、社会、文化、历史、习俗等众多因素影响着这一进程，并且最终反映在人类对景观的观念认识之上。

对于景观概念的确定，目前学术界把它解释为区域土地及土地上的物体所表现的空间构成特征，它是人类在复杂的自然活动过程中，留在大地上的印迹；同时，它也是一种三维空间综合艺术品，通过人工构筑手段加以组合的具有山水地形、植物、建筑结构和多种功能的空间艺术实体。

图1.1　原始巨石（英国）

具体说来，景观是多种功能的载体，因而还可被理解和表现为：

（1）风景：视觉审美过程的对象。

（2）栖居地：人类生活其中的空间和环境。

（3）生态系统：一个具有结构和功能、具有内在和外在联系的有机系统。

（4）符号：一种记载人类过去、表达希望和理想，赖以认同和寄托的语言和精神空间。

近几十年来，由于人口的快速增长、城市的急剧扩张、现代交通设施的迅猛发展、工矿企业的随意开发，已经使世界许多地区的人文景观遭到破坏，面临退化和消失的危险；因此，景观保护也越来越受到重视。国际上已将生物多样性的三个层次——基因、物种和生态系统拓展为包含景观在内的四个层次。景观还是生物多样性的最后储藏所和绝对保护区的缓冲带，是人类土地利用的历史和遗迹的证据，可以作为人类土地持续利用的活样板，并为人类提供享受自然美以及感受文化多样性的机会。

1.1.1.2　建筑

建筑（Architecture）的含义比较宽泛，可以理解为营造活动、营造活动的科学、营造活动的结果（构筑物），是一个技术与艺术的综合体。早在原始社会人们就与恶劣的自然环境作斗争的过程中创造了他们的建筑，他们用树枝、石块构筑巢穴，躲避风雨和野兽的侵袭，开始了最原始的建筑活动，形成了最原始的建筑。

我国古代著名哲学家老子在他的著作《道德经》中论到："凿户牖以为室，当其无，有室之用。故，有之以为利，无之以为用。"意思是建筑是容纳人们生存的空间，这与现代主义"建筑是人类活动的容器"的思想不谋而合。

建筑作为人类的一种创造行为，其目的是为了满足人们的使用及心理需求，为人们提供从事各种活动的场所。建筑一方面以实体的物质属性和自然环境共同构成人类赖以生存的物质空间；另一方面，它又承载着社会文化，成为人类文明的重要组成部分。

建筑需要技术支撑，同时又涉及艺术特征。我们把功能、技术、形式称为建筑的三个基本要素，即实用、经济、美观。建筑的基本属性可概括为以下几个方面。

1. 建筑的时空性

从建筑作为客观的物质存在来说，一是它的实体和空间的统一性；二是它的空间和时间的统一性。这两个方面组合为建筑的时空属性。

2. 建筑的功能性

建筑的首要目的是满足功能需求，如住宅首要的目的就是供人居住。具体来说需要满足诸如人体活动尺度的要求、人的生理要求、人的使用过程和使用特点的要求等。功能与建筑形体及外在形式的和谐统一是建筑设计的主要目标之一。按照功能进行设计是建筑学现代语言的普遍原则。

3. 建筑的工程技术性和经济性

建筑与其他艺术的另一个不同之处是它具有高度的工程技术性。建筑师不但要重视工程技术问题，同时还必须注意经济问题。建筑的工程技术包含着这样几个方面：建筑结构与材料、建筑物理、建筑构造、建筑设备和建筑施工等。

4. 建筑的艺术性

建筑的艺术性多指建筑形式，或建筑造型的问题。建筑虽然是一个实用的对象，但建筑的艺术有相对独立性，有自己的一套规律或法则。如我们常说的变化与统一、均衡与稳定、比例与尺度、节奏与韵律等，它们的运用是变化万千的，设计者应该细心揣摩，灵活运用。"建筑是凝固的音乐"形象地比喻了建筑的艺术特性。

5. 建筑的社会文化属性

建筑是一种社会文化，一种社会文化的容器，同时它又是社会文化的一面明亮的镜子，它映照出人和社会的一切。建筑的社会文化属性的第一个特征是它的民族性和地域性；第二个特征是历史性和时代性。它具有时空和地域性，各种环境、各种文化状况下的文脉和条件，是不同国度、不同民族、不同生活方式和生产方式在建筑中的反映，同时这种文化特征又与社会的发展水平以及自然条件密切相关。

1.1.1.3 景观建筑

所谓景观建筑，一般是指在风景区、公园、广场等景观场所中出现的具有景观标识作用的建筑，其具有景观与观景的双重身份。景观建筑和一般建筑相比，有着与环境、文化结合紧密，生态节能、造型优美、注重观景与景观和谐等多种特征。由于其设计制约因素复杂而广泛，因此较一般建筑设计更为敏感，需要具有建筑、规划、景观设计等多方面知识结构的良好结合。

从广义来说，景观建筑还应该包括与建筑物密切相关的室外空间和周边环境、城市广场以及诸如雕塑、喷泉等建筑小品，门墙、栏杆、休憩亭、坐凳等公用设施，目前的学术理论界所使用的"景观建筑"多取其广义的含义，而本书要讨论的内容则是取了景观建筑的狭义概念，所指的内容不再是广义上的景观建筑，而仅是指"景观中的建筑"。研究的主要对象为城市景园设计及环境艺术中所涉及的建筑及小品设计。本文以下提及的"景观建筑"皆为此意。

目前，景观建筑设计已发展成为一门实践性较强的应用型学科，该学科主要针对人类盲目利用和过度开发自然资源所带来的社会、环境及生态问题，在大建筑学科领域内创立的与建筑学、城市规划相平行的一门跨学科的交叉型和应用型研究，从业人员将从管理和保护各类资源的角度，在大地上创造性地运用技术手段以及科学、文化和政治等知识来规划安排所有自然与人工景观要素，使环境满足人们使用、审美、安全和产生愉悦心情的要求。景观建筑设计专业教育在我国尚处于起步阶段，对相关专业概念的理解尚未达成共识，专业内涵和外延还要在学习国外先进经验的同时结合中国国情在专业教育理论和实践方面进行研究。

国外对景观建筑研究较早，根据西方造园活动的历史，对西方园林艺术产生巨大影响的流派是意大利文艺复兴园林（Renaissance Gardens）、法国规则式园林（Formal Gardens）和英国风景式园林（Landscape Gardens）。在现代园林出现之前，这三个主要园林艺术流派在西方园林舞台上大放异彩。尽管各个时期造园活动的规模、形式和内容在不断地演变，但 Garden（园林、庭园、花园）、Gardening（造园、造景）和Gardener（园林师、园丁）等名称却一直沿用，这与中国传统的"园林"内容相吻合。

19 世纪后期，Landscape Architecture 一词由美国建筑师奥姆斯特德（F.L.Olmsted）在进行纽约中央公园设计时提出［也有学者认为是苏格兰的艺术家 G.L. 梅森在一部名为《意大利杰出画家笔下的风景建筑艺术》（Landscape Architecture of the Great Meason）的著作中提出来的］。这个词有很多种译法与理解，分别为"景观建筑学"、"造园"（日本）、"风景园林"、"景园"等。虽然在专业名称的理解上，主张各异，称呼有别，但是对比中外有代表性的论述，对专业内容的理解是基本一致的。Landscape Architecture 替代 Landscape Gardening 具有里程碑的意义，因为它标志着与传统园林的决裂，标志着景观建筑的诞生，其出现的时代正是一个大工业、城市化和生态环境危机严重的时代。

景观建筑学（Landscape Architecture）关注的对象是整体人类生态系统，既强调人类的发展又关注自然资源及环境的可持续性。强调城市规划建筑学与生态学的结合，在具体设计中能更深层次地体现可持续发展的理念和以人为本的设计观。

景观建筑与其他学科一样，是在一定的经济、文化背景下的产物，它是随着时代的前进而发展。随着当今世界经济的飞速发展，社会、经济、文化各方面的需求出现了多元化发展的趋势，人们的各种需求也更加丰富多彩，这也必然促进景观建筑形态的多元化发展。

1.1.1.4　建筑与景观的关系

建筑与景观是构成空间环境的主要实体与空间要素，二者如同一个硬币的两个方面，唇齿相依，共融互生。在城市系统环境整体设计中，建筑设计与景观设计应以城市设计为指导，进行一体化设计。建筑、景观一体化设计的基本要求是具备"建筑是景观、景观是建筑"的意识。在部分区域建设中，由于景观设计相对于建筑设计具有滞后性的特点，因此，景观设计中的建筑意识就格外重要。

1. 建筑本身即为景观

建筑不但要为人类提供舒适的居住条件，同时，作为空间环境的主要实体与空间形态的构成要素，其本身就是一种景观元素。因此，在进行建筑单体设计时，不仅要考虑建筑本身的功能性，同时要以外部空间形态为指导，将其作为整体环境景观的一部分，进行整体设计。

任何建筑都处在某个特定历史条件下的景观大系统中，并具备一定的景观属性。出色的建筑设计往往是从建筑物自身出发，将建筑物与周围的自然环境巧妙结合，通过提炼、表现、强化所在地域的景观特征、场所精神，使其同周围环境一起构成一道亮丽的风景线。这样的景观建筑与场地相呼应，并从场地中自然生长，而不是削弱场地和环境。它们利用地形每一个有利方面，对自然生态与气候给予充分考虑，并反映到建筑设计中。此外，在进行建筑设计时，应以整体的思维将相关事物有机地结合起来，既考虑它们作为景观元素时的观赏角度与距离，同时也要考虑使用者身处其中时，能够欣赏到的景色。如此，建筑就不会成为"场地中的独角戏"，景观也不会成为"水泥块中的自然"。

2. 景观即为建筑

设计发展到今天，其建构的融合性已经越来越强。当代对 Landscape Architecture 一词的认识也在不断深入，它的所指已经确定不仅仅局限于那些具有较高的审美价值、供人休憩游赏的自然环境的概念，还包含一定区域内大地表面自然化的实体存在、人工化的实体存在（建筑单体、群体乃至城市）以及相应的自然的总和。如果从当代的"景观城市主义"理论出发，景观位于建筑和城市的深层，建筑既以其为背景，又最终融入其中，而成为它的一个组成部分。

在具体景观设计中，应注重景观设计风格与建筑设计风格的协调统一，二者相互映衬，互为增强。在目前的城市景观建筑设计中，由于设计阶段的相互脱节或其他因素，常常会出现景观形式与建筑风格差异甚大、甚至格格不入的问题，如在规划设计中，采用以"欧陆风情"的风格中夹杂中式的景亭、中式的叠石理水，景观与建筑的风格反差令人感到混乱、费解；在植物设计中，缺乏对建筑体量、色彩、质感等形式因素的考虑，植物景观难以与建筑交互辉映。因此，在景观设计中注重与建筑的协调统一是保证空间环境整体性的有效方法。

景观建筑是现代景观理念、方法和文化背景相结合而形成的对建筑设计的新的审美方式和创作手段。当代城市整体设计不仅仅是建筑的景观意识、景观的建筑意识，同时更需要一个能够保证建筑、风景园林两个专业能够及时畅通并进行交流协商的运作模式与管理机制，从而从根本上实现多方位、多学科的设计协作与有机整合。

1.1.2 现代景观建筑设计的特点

随着时代的发展与科技的不断进步，景观建筑表现出以下特点。

1. 形式与要素趋向多元化

在景观建筑设计中，最引人注目并容易理解的就是以现代面貌出现的多元化的设计要素。现代社会给予当代设计师的材料与技术手段比以往任何时候都要多，现代设计师可以较自由地应用光影、色彩、声音、质感等形式要素与地形、水体、植物、原有建筑与构筑物等形体要素创造景观建筑与园林环境（图1.2）。

2. 现代形式与传统形式的对话

由于传统建筑在其形成过程中已具备了社会所认可的形象和含义，借助于传统的形式与内容去寻找新的含义或形式，既可以使设计的内容与历史文化联系起来，增加认同感，又可以满足当代人的审美情趣，使设计具有现代感（图1.3）。

图1.2 利用现代材料与最新技术构筑的景观建筑

图1.3 具有现代感的传统设计

3. 科学技术与现代艺术相结合

意大利建筑师奈维认为："建筑是一个技术与艺术的综合体。"美国建筑师赖特也认为建筑是用结构来表达思想的，有科学技术因素在其中。这些论点表明景观建筑是由技术支撑的一种艺术品。

图1.4 通过吸纳自然与生态理念构筑的景观建筑

长期的社会实践证明科学与艺术的最高境界就是浑然一体的共融与互补，能够体现为一种永恒的美。现代景观建筑作为实用性艺术，本身需要各方面的知识与技术的支撑，也注定要受到不断发展的现代科学技术的极大影响和制约。

4. 景观建筑与生态环境结合

全球性的环境恶化与资源短缺使人类认识到对大自然掠夺式的开发与滥用所造成的后果。应运而生的可持续发展战略给社会、经济及文化带来了新的发展思路。越来越多的设计师不断吸纳自然与生态理念，创造出尊重环境、保护生态的设计作品。这些基本生态观点与知识，已为景观建筑师所理解、掌握并运用，并发展成为一种设计趋势（图1.4）。

绿色、生态、环保的景观建筑，不只是强调景观绿化，从设计上看，必须以改善及提高人的生态环境、生活质量为出发点和目标。只有综合运用当代艺术学、建筑学、生态学及其他科学技术的成果，将景观建筑看成一个生态系统的一分子，通过设计景观内外空间的多种物态因素，使物质、能源在生态系统内部有次序地循环转换，并与自然生态相平衡，获得一种高效、低耗、无污染的生态景观环境，这样的景观建筑才称得上是真正的绿色、生态、环保，为当今人类营造舒适的居住环境的同时，也造福于子孙后代。

5. 景观建筑的景观效应与标示性

景观建筑能够影响并组织周边环境，形成具有特色的城市氛围。城市景观通过人的视觉反映出良好的城市形象，一般由优美的自然环境、大量的背景建筑和突出的景观建筑所组成，景观建筑在这个环境中限定着人的视觉感受，起着统领景观的作用，如美国建筑师弗兰克·盖里（Frank Gehry）在 1997 年为西班牙毕尔巴鄂市设计的古根海姆博物馆（图 1.5）。它落成后第一年就吸引了 136 万人来到这座人口仅 35 万的小城浏览、参观，其中84% 的游客是冲着这座博物馆而来的。据不完全统计，由参观该博物馆所带来的相关收入占市财政收入的 20%以上。古根海姆博物馆不仅倾倒了全球游客，更推动了毕尔巴鄂市的发展，成就了著名的"古根海姆效应"。

景观建筑以其自身的优美形态体现了对人们心理、生理上的关怀，满足了人们对环境美的需求。由于其自身的特征显著，具有明显的可识别性，往往成为一个地段，一个区域乃至整个城市的标志。而一组景观建筑更能形成一种有序列的标志系列，有助于人们对城市形象的记忆和识别，突出城市的特色。正如凯文·林奇（Kevin Lynch）在他的《城市意象》一书中所述："一个不论远近距离、速度高低、白天夜晚都清晰可见的标志，就是人们感受复杂多变的城市时所依靠的稳定的支柱。"

图1.5 毕尔巴鄂古根海姆博物馆

1.2 现代景观建筑的变迁

景观建筑的概念和实践范畴是随着社会的发展不断演变和扩充的，而且在不同国家、不同地区具体的实践领域也有所差别，这不仅和学科本身的发展关系紧密，而且和当地实际的经济发展状况也有密切的关系。随着建筑产业的发展，以西方古典建筑形象出现的"欧式"风格的景观建筑与体现设计风格多元化、采用新材料和新结构的现代景观建筑越来越多地出现在景观作品中。故而全面了解中西园林景观建筑的变迁及现代景观建筑类型的发展沿革，掌握其发展脉络和设计理念，将有利于景观建筑设计任务的全面展开。

1.2.1 中西园林建筑的变迁

1.2.1.1 中国园林建筑的变迁

1. 中国园林的历史变革

中国造园是为了欣赏、游憩需要而创建的自然环境场所，其名称、内容和形式也随着社会的发展和人们认识的改变而不断地发展和变化。

我国造园始于商周，当时称之为囿。商纣王"好酒淫乐"，"益收狗马奇物，充轫宫室，益广沙丘苑台（河北邢台广宗一带），多取野兽蜚鸟置其中……"；周文王建灵囿，方七十里，其间草木茂盛，鸟兽繁衍。最初的"囿"，就是把自然景色优美的地方圈起来，放养禽兽，供帝王狩猎，所以也叫游囿。天子、诸侯都有囿，只是范围和规格等级上的差别，"天子百里，诸侯四十"。汉起称苑，汉朝在秦朝的基础上把早期的游囿，发展到以园林为主的帝王苑囿行宫，除布置园景供皇帝游憩之外，还举行朝贺，处理朝政。汉高祖的"未央宫"，汉文帝的"思贤园"，汉武帝的"上林苑"，梁孝王的"东苑"（又称梁园、菟园、睢园），宣帝的"乐游园"等，都是这一时期的著名苑囿。从敦煌莫高窟壁画中的苑囿亭阁，元人李容瑾的汉苑图轴中，可以看出汉时的造园已经有很高水平，而且规模很大。

魏晋南北朝是我国社会发展史上的一个重要时期，一度社会经济繁荣，文化昌盛，士大夫阶层追求自然环境美，游历名山大川成为社会上层普遍风尚。刘勰的《文心雕龙》，钟嵘的《诗品》，陶渊明的《桃花源记》等许多名篇，都是这一时期问世的。

唐太宗"励精图治，国运昌盛"，社会进入了盛唐时代，宫廷御苑设计也愈发精致，特别是由于石雕工艺已经娴熟，宫殿建筑雕栏玉砌，格外显得华丽。"禁殿苑"、"东都苑"、"神都苑"、"翠微宫"等，都旖旎空前。宋朝造园也有兴盛时期，特别是在用石方面有较大发展。宋徽宗对绘画颇有造诣，尤其喜欢把石头作为欣赏对象。先在苏州、杭州设置了"造作局"，后来又在苏州添设"应奉局"，专司搜集民间奇花异石，舟船相接地运往京都开封建造宫苑。"寿山艮岳"的万寿山是一座具有相当规模的御苑。此外，还有"琼华苑"、"宜春苑"、"芳林苑"等一些名园。

明清两代是中国古代园林设计的顶峰时期，无论在理论上和实践上都有超出前代的辉煌创造。皇家园林创建以清代康熙、乾隆时期最为活跃。当时社会稳定、经济繁荣给建造大规模写意自然园林提供了有利条件，如"圆明园"、"避暑山庄"、"畅春园"等。私家园林是以明代建造的江南园林为主要成就，如苏州拙政园、留园、网师园和怡园，无锡寄畅园和上海豫园等。同时在明末还产生了由计成撰写的理论书籍《园冶》。它们在创作思想上，仍然沿袭唐宋时期的创作源泉，从审美观到园林意境的创造都是以"小中见大"、"须弥芥子"、"壶中天地"等为创造手法。自然观、写意、诗情画意在创作中占主导地位，同时园林中的建筑起了最重要的作用，成为造景的主要手段，园林从游赏到可游可居方面逐渐发展。大型园林不但模仿自然山水，而且还集仿各地名胜于一园，形成园中有园、大园套小园的风格。

到了清末，造园理论探索停滞不前，加之社会由于外来侵略，西方文化的冲击，国民经济的崩溃等原因，使园林创作由全盛到衰落。然而，中国园林设计以其曲折多变的造型和自然野逸在世界园林设计享有崇高的地位。早在 7 ~ 8 世纪已传到日本，18 世纪又远传欧洲，使得英、荷、德、法等国园林设计者纷纷仿效。中国园林被誉为世界园林之母，是中国古代设计文化的杰出代表之一。

（1）中国古典园林设计特色体现在以下几个方面：

1）注重自然美。地质水文、地形地貌、乡土植物等元素构成的山水景观类型，是中国古典园林的空间主体的构成要素。中国古典园林在真山真水的基础上，以植物为重点，在布局上因山就势，灵活布置，一切都以顺应自然的态势发展而造园。中国古典园林强调"虽由人作，宛自天开"，强调"源于自然而高于自然"，强调人对自然的认识和感受。如苏州拙政园、沧浪亭、网师园等，借山水之情，抒发自己的情怀，将"自然无为"的思想纳入到园林设计体系，讲究自由布局，与严正对称布局为基础的古代建筑形成对比（图 1.6）。

2）适宜人居的理想环境。追求理想的人居环境，营造健康舒适、清新宜人的小气候环境。由于中国古代生活环境相对恶劣，中国古典园林造景都非常注重小气候的改善，如山水的布局、植物的种植、亭廊的构建等，无不以光影、气流、温度等人体舒适性的影响因子为依据，形成舒适宜人居住生活的理想环境（图 1.7）。

图1.6 私家园林

图1.7 通过水环境营造的清新宜人的小气候环境

3）巧于因借的视域边界。不拘泥于庭院范围，通过借景扩大空间视觉边界，使园林景观与外面的自然景观等相联系、相呼应，营造整体性园林景观。观景过程中无论动观或者静观都能看到美丽的景致，追求无限外延的空间视觉效果，"以有限面积造无限空间"（图 1.8）。

4）空间组织曲折多变。呈现动静结合、虚实对比、引人入胜、渐入佳境的空间组织手法和空间的曲折变化，园中园式的空间布局原则常常将园林整体分隔成许多不同形状、不同尺度和不同个性的空间，并将形成空间的诸要素糅合在一起，参差交错、互相掩映，将自然景观、人文景观等分割成若干片段，分别表现，使人看到空间局部交错，步移景异、景移情动，犹如人在画中游，形成丰富的空间景观（图 1.9）。

图1.8 以借景方式延深空间视觉边界

5）追求诗情画意。人们常常用山水诗、山水画寄情山水，表达追求超脱与自然协调共生的思想和意境。中国古典园林追求的"诗情画意"的境界，常常通过楹联、匾额、刻石、书法、哲学、音乐等形式表达景观的意境，从而使园林的构成要素富于内涵和景观厚度。

（2）中国古典园林从不同角度看有不同的分类方法。

1）按园林基址的选择和开发方式分。

①人工山水园林。人工山水园是我国造园发展到完全自觉创造阶段而出现的审美境界最高的一类园林。这

图1.9 曲折多变的空间布局手法使园林产生园中园的效果

9

类园林均修建在平坦地段上，尤以城镇内居多。在城镇的建筑环境里面创造模拟天然野趣的小环境，犹如点点绿洲，故也称之为"城市山林"。

②天然山水园林。天然山水园一般建在城镇近郊或远郊的山野风景地带，包括山水园、山地园和水景园等。兴造天然山水园的关键在于选择基址，如果选址恰当，则能以少量的花费而获得远胜于人工山水园的天然风景之真趣。

2）按占有者身份、隶属关系分。

①皇家园林。皇家园林是专供帝王休息享乐的园林。古人讲普天之下莫非王土，在统治阶级看来，国家的山河都是属于皇家所有的。所以其特点是规模宏大，真山真水较多，园中建筑色彩富丽堂皇，建筑体型高大。现存著名皇家园林有北京的颐和园（图1.10）、北海公园（图1.11）、河北承德的避暑山庄。

图1.10 颐和园

图1.11 北海公园

图1.12 苏州拙政园

②私家园林。私家园林是供皇家的宗室、王公官吏、富商文士等休闲的园林。其特点是规模较小，所以常用假山假水，建筑小巧玲珑，表现其淡雅素净的色彩。现存的私家园林，如北京的恭王府，苏州的拙政园（图1.12）、留园、网师园，上海的豫园等。属于民间的贵族、官僚、缙绅所私有，古籍里面称园、园亭、园墅、池馆、山池、山庄、别业、草堂等。

③寺观园林。佛寺和道观的附属园林，也包括寺观内部庭院和外围地段的园林化环境。

3）按园林所处地理位置分。

①北方类型。北方园林，因地域宽广，所以范围较大，因而建筑尺度也较大，富丽堂皇。但因自然气象条件所局限，河川湖泊、园石和常绿树木都较少，所以秀丽媚美则显得不足。北方的园林大多集中于北京、西安、洛阳、开封等地，其中尤以北京园林为代表。

②江南类型。南方人口较密集，所以园林地域范围小，又因河湖、园石、常绿树较多，所以园林景致较细腻精美。因上述条件，其特点是明媚秀丽、淡雅朴素、曲折幽深，但终究面积小，略感局促。南方的园林大多集中于南京、上海、无锡、苏州、杭州、扬州等地，其中尤以苏州园林为代表。

③岭南类型。因为其地处亚热带，终年常绿，又多河川，所以造园条件比北方、江南都好。其明显的特点是具有热带风光，建筑物都较高而宽敞。现存岭南类型园林，著名的有广东顺德的清晖园、东莞的可园等。

2. 中国古典园林建筑

建筑作为人文景观与山、水、植物自然景物一样都是造园的主要要素，但是它的景观效应远远要大于其他要素，因此在园林里往往成为"点睛之笔"。中国园林建筑形式之多样、色彩之别致、分隔之灵活、内涵之丰富在世界上独树一帜。其形式主要由环境布局需要所决定，明末计成所著《园冶》有专门介绍，简介如下：

亭："亭者，停也。人所停集也。"亭是供人们停留聚集的地方（图1.13）。具有高度灵活性，开敞而占地少，造型变化丰富。在设计时，"随意合宜则制"，即可以随自己的意思，并适应地形来建造，是园林里应用最多的建筑形式。

廊："廊者，庑（堂前所接卷棚）出一步也，宜曲且长则胜。"廊是从庑前走一步的建筑物，要建得弯曲而且长，"或蜿山腰，或穷水际，通花渡塑，蜿蜒无尽"。廊的主要作用划分空间，增加空间层次，是联系园林空间要素的主要手段，有很强的连接能力。

榭："榭者，藉也。藉景而成者也。或水边，或花畔。制亦随态。"榭字含有凭借、依靠的意思，是凭借风景而形成的，或在水边、或在花旁，形式灵活多变。

舫：是按照船的造型在湖中（偶尔也有在湖边临水处）修建的建筑物，又名"不系舟"（图1.14）。

图1.13 亭

图1.14 颐和园石舫

厅堂："堂者，当也。为当正向阳之屋，以取堂堂高显之义。"堂应当是居中向阳之屋，取其"堂堂高大宽敞"之意，常用作主体建筑，给人以开朗、阳刚之感。

楼："重屋曰楼"，"言窗牖虚开，诸孔惶惶然也，造式，如堂高一层是也"。楼，看上去窗户洞开，许多窗孔整齐地排列，结构形式和堂相似而高出一层。

阁："阁者，四阿（坡顶）开牖。"四坡顶而四面皆开窗的建筑，与两侧山墙开窗受限制的其他建筑相比，更为轻灵，得景方向更多（图1.15）。

斋："斋较堂，唯气藏而致敛，有使人肃然斋敬之义。盖藏修密处之地，故式不宜敞显。"斋和堂相比，聚气而敛神，使人肃然起敬。为此常设在与外界较为隔绝的地方，所以不要太高大，以免过于突出（图1.16）。

馆：散寄之居，曰'馆'，可以通别居者。今书房

图1.15 拙政园浮翠阁

亦称'馆'，客舍为'假馆'。供暂时寄居的地方，书房、客舍也可称为"馆"或"假馆。""馆"字由食、官相合而成，原指官人游宴的场所或客舍。江南园林中的馆一般是较为幽静的会客之所，北方园林里"馆"常为供宴饮娱乐用的成组建筑。"旅馆"、"宾馆"等词今天还在使用。

轩："轩式类车，取轩轩欲举之意，宜置高敞，以助胜则称。"古代马车前部驾车者所坐的位置较高，称作轩。轩在建筑中一般指地势高、有利于赏景的地方（图1.17）。轩要求周围有较开阔的视野，北方园林中常在山上设轩，江南园林中轩常在水际，但不像榭那样探出水面，而较为稳重含蓄。

图1.16 颐和园静心斋

图1.17 豫园九狮轩

出现在园林中的建筑名目还有很多，如门、室、坊、塔、台等，这里仅列出上述几种。在今天很多名称的含义已经发生了变化，含义也并不像从前那样明确了，如斋、轩、馆、室都可用来称呼一些次要的建筑。

（1）建筑外形上的特征。中国古代建筑外形上的特征最为显著，它们都具有屋顶、屋身和台基三个部分，各部外形和世界上其他建筑迥然不同，这种独特的建筑外形完全是由于建筑物的功能和艺术高度结合而产生的。其外观特征主要表现在屋顶上，屋顶的形式不同，体现出的建筑风格不同，常见的屋顶形式主要包括以下几种（图1.18）。

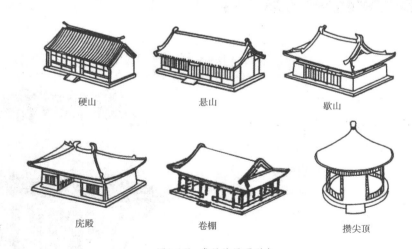

图1.18 常见的屋顶形式

1）硬山：屋面檩条不悬出于山墙之外。

2）悬山（挑山、出山）：檩条皆伸出山墙之外，其端头上钉搏风板，屋顶有正、垂脊或无正脊的卷棚。

3）歇山：双坡顶四周加围廊，共有九脊，包括一条正脊、四条垂脊、四条戗脊。

4）庑殿：屋面为四面坡，共用五脊，包括一条正脊、四条与垂脊成45°斜线的斜脊。

5）卷棚：在正脊位置上不作向上凸起的屋脊，而用圆形瓦片联结成屋脊状，使脊部呈圆弧形，成为卷棚。

6）攒尖顶：屋顶各脊由屋角集中到中央的小须弥座上，其上饰以宝顶。攒尖顶有单檐、重檐、三重檐之分，平面形式有三角、四角、多角及圆攒尖等。

其他还有十字脊顶、盝顶、囤顶、草顶、穹隆顶、圆拱顶、单坡顶、平顶、窝棚等。还有少数民族如傣族、藏族等的屋顶也颇有特色。

（2）建筑结构的特征。中国古代建筑主要都是采用木构架结构。木构架是屋顶和屋身部分的骨架，它的基本做法是以立柱和横梁组成构架，四根柱子组成一间，一栋房子由几个间组成。屋顶部分也是用类似的梁架重叠，逐层缩短，逐层加高，柱上承檩，檩上排椽，构成屋顶的骨架，也就是屋顶坡面举架的做法。柱子之间填筑门窗和维护墙壁。整个建筑的重量都由构架承受，而墙不承重，我国有句谚语叫做"墙倒屋不塌"，生动地说明这种木构架的特点。

图1.19　斗拱

在大型木构架建筑的屋顶与屋身的过渡部分，有一种我国古代建筑所特有的构件，称为斗拱（图1.19）。斗拱由若干方木与横木垒叠而成，用以支挑深远的屋檐，并把其重量集中到柱子上。斗拱在我国古代建筑中不仅在结构和装饰方面起着重要作用，而且在制定建筑各部分和各种构件的大小尺寸时，都以它做度量的基本单位。

斗拱在我国历代建筑中的发展演变比较显著。早期的斗拱比较大，主要作为结构构件。唐宋时期的斗拱还保持这个特点，但到明清时期，它的结构功能逐渐减少，变成了很纤细的装饰构件。因此，在研究中国古代建筑时，又常常以斗拱作为鉴定建筑年代的主要依据。

（3）建筑群体布局的特征。中国古代建筑如宫殿、庙宇、住宅等，一般都是由单个建筑物组成的群体。这种建筑群体的布局除了受地形条件或特殊功能要求（如园林建筑）的限制外，一般都有共同的组合原则，那就是以院子为中心，四面布置建筑物，每个建筑物的正面都面向院子，并在这一面设置门窗，主要建筑物和两侧的次要建筑多作对称布置。个体建筑之间有的用廊子相连接，群体四周用围墙环绕。北京的故宫、明十三陵都体现了这种群体组合的原则，显示了我国古代建筑在群体布局上的卓越成就（图1.20）。

图1.20　北京故宫

13

（4）建筑装饰及色彩的特征。中国古代建筑装饰细部大部分都是在梁枋、斗拱、檩椽等结构构件上经过艺术加工而发挥其装饰作用的。我国古代建筑还综合运用了工艺美术及绘画、雕刻、书法等方面的形式和技巧，如额枋上的匾额、柱上的楹联、门窗上的棂格等，都是丰富多彩、变化无穷，具有浓厚的中国传统民族风格特点。

对于色彩的使用也是我国古代建筑最显著的特征之一，如宫殿庙宇中用黄色琉璃瓦顶，朱红色屋身，檐下阴影里用蓝绿色略加点金，再衬以白色石台基，各部分轮廓鲜明，使建筑物更显得富丽堂皇（图1.21）。在建筑上使用这样强烈的色彩而又得到如此完美的效果，在世界其他建筑上也是少有的。色彩的使用，在封建社会中也受到等级制度的限制，在一般住宅建筑中多用青灰色的砖墙瓦顶，或用粉墙瓦檐、木柱，梁枋门窗等多用黑色、褐色或本色木面，显得十分雅致。

彩画是我国建筑装饰中的重要部分，所谓"雕梁画栋"正是形容我国古代建筑这一特色。明清时期最常用的彩画种类有和玺彩画、旋子彩画和苏式彩画。它们多做在檐下及室内的梁、枋、斗拱、天花及柱头上（图1.22）。彩画的构图都密切结合构件本身的形式，色彩丰富，为我国古代建筑增添了无限光彩。

图1.21　传统建筑色彩　　　　　　　　　　图1.22　传统建筑彩画

1.2.1.2　西方园林建筑的变迁

1.西方园林的历史变革

（1）古埃及园林。公元前3000多年，古埃及在北非建立奴隶制国家。尼罗河沃土冲积，适宜于农业耕作，但国土的其余部分都是沙漠地带。因此，古埃及人的园林即以"绿洲"作为模拟的对象。尼罗河每年泛滥，退水之后需要丈量耕地，因而发展了几何学，于是，古埃及人就把几何的概念用于园林设计。水池和水渠的形状方整规则，房屋和树木亦按几何规矩加以安排，是为世界上最早的规整式园林。

（2）巴比伦悬空园。在公元前2000年的巴比伦、亚述或大马士革等西亚广大地区有许多美丽的花园。尤其距今3000年前新巴比伦王国宏大的都城中有五组宫殿，不仅异常华丽壮观，而且尼布甲尼撒二世专门为王妃在宫殿上建造了"空中花园"。据考证，该园建有不同高度的台层组合成剧场般的建筑物。每个台层以石拱廊支撑，拱廊架在石墙上，拱下布置成精致的房间，台层上面覆土，种植各种花木。顶部有提水装置，用以浇灌植物，这种逐渐收缩的台层上布满植物，远看宛如悬挂在空中，如同仙境，被誉为世界七大奇观之一。

（3）伊斯兰园林。公元7世纪，阿拉伯人征服了东起印度河、西到伊比利亚半岛的广大地带，建立一个横跨欧、亚、非三大洲的伊斯兰大帝国，这个地区干燥少雨而炎热，又多沙漠，对水极为珍惜。因此，在阿拉伯国家，大多数住宅为了改善生活条件，都建有园林。受干热气候影响，园林必须引水以满足灌溉花木、滋润空气的需要，于是在涓涓的细流中形成了伊斯兰园林亲切、精致的风格。阿拉伯国家的园林主要附属于庭院，长方形的空间，四面围着柱廊和敞开的厅堂，建筑物的通透开畅，使园林景观具有一定幽静的气氛（图1.23）。

（4）古希腊园林。古希腊通过波斯学到西亚的造园艺术，发展成为住宅内布局规则方整的柱廊园。公元前500年，以雅典城邦为代表的完善的自由民主政治带来了文化、科学、艺术的空前繁荣，园林的建设也很兴盛。古希腊园林大体上可以分为三种：宫苑园林、柱廊园林和公共园林。

宫苑园林多选择山清水秀、风景秀美之地，其中，以皇帝哈德良山庄最有影响，是一座建在蒂沃利山谷的大型宫苑园林。古希腊的柱廊园林改进了波斯在造园布

图1.23 阿拉伯国家的园林

局上结合自然的形式，在城市的住宅四周围以柱廊围绕成庭院，庭院中散置水池和花木。公共园林是在体育竞技场上修建起来的，古希腊人为了在体育竞技场上遮阴而种植的大片树丛逐渐开辟为林荫道，为了灌溉而引来的水渠逐渐形成装饰性的水景，到处陈列着体育竞赛优胜者的大理石雕像，林荫下设置坐椅，人们不仅来此观看体育活动，也可以散步、闲谈和游览。

（5）古罗马园林。古罗马继承古希腊园林着重发展了别墅园和宅园两种形式。别墅园修建在郊外和城内的丘陵地带，包括居住房屋、水渠、水池、草地和树林。别墅园林里的柱廊上爬满了常春藤，水渠两岸缀以花坛，上下交相辉映，美不胜收；宅园是大多采用柱廊园的布局形式，具有明显的轴线。每个家族的住宅都围成方正的院落，沿周排列居室，中心为庭园，围绕庭园的边界是一排柱廊，柱廊后边和居室连在一起。园内中间有喷泉和雕像，四处有规整的花树和葡萄篱架。廊内墙面上绘有逼真的林泉或花鸟，利用人的幻觉使空间产生扩大的效果。

（6）中世纪园林。公元5世纪罗马帝国崩溃直到16世纪的欧洲，史称"中世纪"。整个欧洲都处于封建割据的自然经济状态。当时，除了修道院寺园和城堡式庭园之外，园林建筑几乎完全停滞。寺院园林依附于基督教堂或修道院的一侧，包括果树园、菜畦、养鱼池和水渠、花坛、药圃等，布局随意而无定式。造园的主要目的在于生产果蔬副食和药材，观赏的意义尚属其次。城堡园林由深沟高墙包围着，园内建置藤萝架、花架和凉亭，沿城墙设坐凳。有的园在中央堆叠一座土山，上建亭阁之类的建筑物，便于观赏城堡外面的田野景色。

（7）意大利园林。意大利园林主要是指文艺复兴和巴洛克的造园艺术，它直接继承了古罗马时期的造园艺术风格。意大利园林造园艺术成就很高，在世界园林史上占有重要地位，其园林风格影响波及法国、英国、德国等欧洲国家。意大利园林的主要特点就是其空间形态是几何式的，处处都在用数和几何关系控制整个园林的布局。意大利园林的美也在于它所有的要素以及它们之间的数和几何关系的协调，因此，总的结构清晰、匀称，修建成几何形的树木整齐地排列，各种元素对称布置，形状、大小、位置都体现着统一，成为整个意大利园林的魅力源泉。

（8）法国园林。17世纪，意大利文艺复兴式园林传入法国。法国多平原，有大片天然植被和大量的河流湖泊。法国人并没有完全接受意大利造园风格，而是把中轴线对称均齐的规整式园林布局手法运用于平地造园，从而形成了法国特有的园林形式——勒诺特式园林，它在气势上较意大利园林更强，讲求对称、均衡，园林各部分做到井然有序，突出人工的几何形态，绿化修剪成几何形，水面也成几何形（图1.24）。勒诺特是法国古典园林集大成的代表人物，他继承和发展了整体设计的布局原则，借鉴意大利园林艺术并为适应当时王朝专制下的宫廷需要而有所创新，摆脱了对意大利园林的模仿，成为独立的流派。勒诺特设计的园林总是把宫殿或府邸放在高地上，居于统率地位，从建筑的前面伸出笔直的林荫道，在其后是一片花园，花园的外围是林园。府邸的中轴线，

前面穿过林荫道指向城市，后面穿过花园和林园指向荒郊。孚·勒·维贡府邸花园和闻名世界的凡尔赛宫苑都是这位古典主义园林大师的代表作（图1.25）。

图1.24　法国园林　　　　　　　　　　　　　　　　图1.25　孚·勒·维贡花园

（9）英国园林。14世纪之前，英国造园主要模仿意大利园林为主。14世纪起，英国所建庄园转向了追求大自然风景的自然形式，对其后园林传统影响深远。17世纪，英国模仿法国凡尔赛宫苑，刻意追求几何整齐植坛，使造园出现了明显的人工雕饰，将官邸庄园改建为法国园林模式的整形苑园，一时成为其上流社会的风尚。18世纪，受到浪漫主义思想和中国园林思想的影响，引入中国园林、绘画与欧洲风景的特色，探求本国的新园林形式，他们在园林中反对人工式的造园活动，而追求曲折、变化，富于很深的哲理感，提出了自然风景园式的园林。

英国园林大多数以植物为主题。英国风景园的特点是以发挥和表现自然美出发，园林中有自然的水池，略有起伏的大片草地，在大草地之中的孤植树、树丛、树群均可成为园林的一景。道路、湖岸、林缘线多采用自然圆滑曲线，追求"田园野趣"，小路多不铺装，任人在草地上漫步或作运动场。从建筑到自然风景，采用由规则向自然的过渡手法。植物采用自然式种植，种类繁多，色彩丰富，常以花卉为主题，并注意小建筑的点缀装饰（图1.26）。

图1.26　英国风景式园林

英国风景园在植物种植丰富的条件下，运用了对自然地理、植物生态群落的研究成果，把园林建立在生物科学的基础上，创建了各种不同的人类自然环境，后来发展了以某一风景为主题的专类园，如岩石园、高山植物园、水景园、沼泽园以及以某类植物为主题的蔷薇园、百合园等，这种专类园对自然风景有高度的艺术表现力，对造园艺术的发展有一定的影响。英国皇家植物园——邱园便是其中的杰作（图1.27、图1.28）。

图1.27　英国皇家植物园——邱园（1）

图1.28　英国皇家植物园——邱园（2）

（10）日本园林。日本园林特色的形成是与日本民族的生活方式与艺术趣味，以及与日本的地理环境密切相关的。日本早期园林是为防御、防灾或实用而建的宫苑，周围开壕筑城，内部掘池建岛，宫殿为主体，其间列植树木。之后，日本园林受中国文化和唐宋山水园林的影响，加强了游观设置，以观赏、游乐为主要设景、布局原则，创造了崇尚自然的朴素园林特色。后又受到日本宗教的影响，逐渐发展形成了日本民族所特有的"枯山水"，十分精致和细巧。它是模仿大自然风景，并缩景于一块不大的园址上，象征着一幅自然山水风景画，园林尺度较小，注意色彩层次，植物配置高低错落，自由种植。因此说，日本园林是自然风景的缩景园（图1.29）。

图1.29　日本园林——枯山水

2. 西方古典建筑

古希腊是欧洲文化的摇篮，恩格斯曾经做过这样的评价："没有希腊的文化，就不可能有欧洲的文化。"作为希腊文化的一个组成部分，古希腊的建筑艺术取得了重大的成就。它的一些建筑物的形制，石质梁柱结构构件及其组合的特定的艺术形式，建筑物和建筑群设计的一些基本原则和艺术经验，深深地影响着欧洲2000多年的建筑史。

公元前5世纪，是古希腊最繁荣的时期。雅典人为纪念对波斯战争的胜利，重建了雅典卫城，它的建筑群是由山门和三个神庙共同组成的，建筑物造型典雅壮丽，在建筑和雕刻艺术上都有很高的成就（图1.30），它是古希腊劳动人民留给后世的一项宝贵建筑遗产。

古希腊建筑对后世影响最大的是它在庙宇建筑中所形成的一种非常完美的建筑形式。它用石制的梁柱围绕长方形的建筑主体，形成一圈连续的围廊，柱子、梁枋和两坡顶的山墙共同构成建筑的主要立面。经过几百年不断演进，这种建筑形式达到了非常完美的境地，基座、柱子和屋檐等各部分之间的组合都具有一定的格式，称为柱式。柱式的出现对欧洲后来的建筑产生了很大影响。

公元前 5 世纪，古罗马建立了共和国，在一连串的扩张战争中取得了地中海的霸权。大量财富的集中，无数奴隶的劳动筑起了古罗马帝国的高楼大厦，古罗马城里到处耸立着豪华的宫殿和庙宇，雄伟的凯旋门和纪念柱。

拱券技术是罗马建筑的特色。古罗马继承了古希腊的柱式艺术，并把它和拱券结构结合，创造了券柱式。古罗马人发明了由天然的火山灰、砂石和石灰构成的混凝土，在拱券结构的建造技术方面取得了很大的成就，全国各地建造了许多拱桥和长达数千米的输水道，古罗马的万神庙拱顶直径达 43m，充分显示了古罗马工匠的发券和筑拱技术高超水平（图 1.31）。此外，古罗马的建筑师维特鲁威还编写了《建筑十书》，对建筑学进行了系统的论述，其中包括对古希腊柱式的总结。

图1.30　雅典卫城　　　　　　　　　　　　　　　　　　图1.31　古罗马的万神庙

古罗马灭亡后，经过漫长的动乱，进入封建教会时期，其间流行的是以天主教堂为代表的哥特式建筑。直到 15 世纪，意大利开始了文艺复兴运动，欧洲的建筑发展又进入了一个新时期，埋没了近千年的古典柱式重新受到重视，又被广泛地用在各种建筑中。

文艺复兴时期的建筑并没有简单地模仿或照搬古希腊、古罗马的式样，它在建造技术上、规模、类型及建筑艺术手法上都有很大的发展。从意大利开始遍及欧洲各国先后涌现了许多巧匠名师，如维尼奥拉、阿尔伯蒂、帕拉第奥、米开朗琪罗……著名的圣彼得大教堂就是这一时期建造的。各种拱顶、券廊特别是柱式成为文艺复兴时期建筑构图的主要手段（图 1.32）。

接着，法国、英国、德国、西班牙等其他欧洲国家也都步意大利的后尘，群起效仿，或修建府邸，或营造宫室。1671 年，法国巴黎专门成立了皇家建筑学院，学习和研究古典建筑。从此直到 19 世纪，以柱式为基础的古典建筑形式一直在欧洲建筑中占据着绝对的统治地位。

但是，一些建筑师过于热衷古典建筑造型中的几何比例和数字关系，把它们看做金科玉律，追求古希腊、古罗马建筑中所谓永恒的美，最终发展为僵硬的古典主义和学院派，走上了形式主义的道路。

图1.32　圣彼得大教堂

17～19世纪，在资产阶级革命取得政权的最初年代里，欧洲和美洲等地先后兴起过古希腊复兴和古罗马复兴的浪潮。新兴的资产阶级所修建的各种国会、议会大厦、学校和图书馆等仍采用着古典的建筑形式。处于资产阶级革命前夕的沙皇俄国也在莫斯科和圣彼得堡等地建造了各种古典形式的大型公共建筑。当时，适应资本主义生产关系的银行、交易所等常常被勉强地塞进古希腊神庙的外壳里，使新的功能、新材料、新技术与古典建筑形式之间的矛盾越来越突出。

1.2.2 现代景观建筑的缘起

工业革命给社会带来的变革巨大而深远，从19世纪开始，随着社会财富迅速增加，人们的审美观念也相应发生转化。这一时期兴起的西方现代艺术以及各种艺术运动对建筑的影响是不容忽视的。

现代艺术起源于后印象主义画家中的三位领军人物，即法国画家塞尚、高更和荷兰画家凡高，他们各自创造了前所未有的艺术世界，从而直接引起了20世纪初现代主义的变革和发展。

在塞尚看来，绘画是毫无社会公立可言的，只有形、色、节奏、空间在画面上如何构成，是"为构成而构成"，塞尚用色彩的造型改变了传统透视法的艺术变形和对几何秩序的强调（图1.33），以艺术的抽象代替了客观的具象，从根本上动摇了传统美学的价值基础，开创了"为艺术而艺术"现代形式主义美学之先河，因而他被称为"现代艺术之父"。而高更在于他对于绘画本质的信念，他把绘画的本质看成是某种独立于自然之外的东西，当成记忆中经验的一种"综合"，而不是印象主义者所认为的那种直接的直觉经验中的东西（图1.34）。凡高则是用强烈的色彩奔放而粗野的笔触和扭曲夸张的形体来表达内心强烈的情感以及对客观世界的主观感受（图1.35）。

图1.33 塞尚的作品

图1.35 凡高的作品

图1.34 高更的作品

景观建筑作为一种特殊的建筑形式，与其他的建筑不同，它更多的是服务于人们的精神，因此它受使用功能的约束较少。由于同样为精神服务，所以它与艺术之间具有较强的同源性。因此在形式上景观建筑更易于受到艺术的影响，甚至成为艺术在生活中的延伸。

1.2.2.1 立体主义与景观建筑

立体主义（Cubism）是20世纪的前卫运动，它对后来的艺术流派都不同程度的产生了影响。立体派首先出现于绘画，然后进入雕塑和建筑。立体派绘画产生于1908年，繁荣于20年代。创始人是移居法国巴黎的西班牙画家巴勃罗·毕加索（Pablo picasso）和法国画家乔治·勃拉克（Georges Braque）。立体主义绘画的主要特点体现在多视点与不规则几何化及形体间的穿插三个方面，着重研究对形体的处理，而色彩的表达则相对被忽略了，他们所关心的核心问题是怎样在平面上画出具有三度乃至四度空间的立体形态。因此立体主义者往往将完整的形体加以肢解和几何化，分解成许多的小块以后再重新组合，从而获得一个整体的、多视点的综合的形体印象。立体主义的实践否定了传统艺术的透视法，将西方三度空间的画面归结为平面的、二度空间的画面。从这些特点来看，立体主义是极富有理念的一个艺术流派，它在形式上主要是追求一种几何形体交错贯穿的美，在内容上是对客观事物一种主动而全面的表现（图1.36）。

由于景观建筑相对于其他建筑所具有的弱功能性和非功能性，所以在造型与立意方面所受到的约束也较少。因此景观建筑也就具有了更大的空间和自由度去标新立异，它甚至可以完全不考虑使用功能的要求，而仅从它在景观环境中所起的作用加以考虑。这样景观建筑就可以自由的甚至是直接地从艺术或技术中拾取观念、吸收营养加以表现。由Durbach Block建筑师事务所设计的两层霍曼住宅体现了强烈的立体主义风格。该建筑建成于2004年，建筑师受到毕加索的一幅油画《浴女》（The Bather）的启发，设计出一座位于悉尼附近悬崖顶端的别墅。首层石墙紧贴着悬崖的石面，勾勒出卧室的外轮廓。高度不同的平台围绕着建筑，形成了两个庭院，一个屋顶花园和一个底层泳池。建筑内部包含着一系列复杂的生活空间，蜿蜒曲折地流动着；作为对变幻的阳光、景观和视线的回应，空间时而弯曲，时而折叠，时而伸展。起居室和餐厅高悬在海面之上，视野开阔，海岸壮丽的景色尽收眼底（图1.37）。

图1.36 毕加索的《亚维农少女》　　　　　　图1.37 Durbach Block建筑师事务所设计的霍曼住宅

1.2.2.2 抽象主义与景观建筑

抽象是西方现代艺术的重要特征，是西方现代艺术存在的核心。抽象主义指的是那些没有明确的主题，且不造成具体物象联想的艺术形式。从本质上说，抽象艺术研究的是艺术的自律性的问题，它通过对视觉对象的解放，使视觉以抽象的形式得以表现。

对抽象艺术作出重大贡献的三位艺术大师是俄国画家康定斯基（Wassily Kandinsky）、荷兰画家蒙德里安（Piet Mondrian）和俄国艺术家马列维奇（K.Malevich），他们都是抽象艺术的奠基人。

图1.38 康定斯基的《在蓝色中》

康定斯基是最早奠定抽象艺术理论基础的人。他首先抛开具体的物象，提出了纯绘画的艺术主张。他强调绘画本身即是"纯粹的形式和色彩"，认为抽象艺术的内容和形式应该融为一体，形式本身就是艺术，绘画不应该有主题，不应该使人产生对客观事物的联想，而应该表现自己独特的内心感受，表现隐藏的、深邃的、微妙的心灵世界。他的抽象表现被称为"热抽象"，其特征为强调知觉和感情的内在需要，并表现为与音乐的结缘（图1.38）。

蒙德里安和康定斯基相反，追求的不是抽象主义中的浪漫主义，而是不折不扣的理性主义。蒙德里安要使艺术成为一种如同数学一样精确的表达宇宙基本特征的知觉手段，他强调"纯粹的现实"。蒙德里安认为艺术中存在着固定的法则，因此他在绘画中努力寻求一种元素之间的相互平衡的法则，他用相交成直角的水平线和垂直线建构起基本的骨架，摒弃一切对称并排除所有使人联想到情绪或客观事物的要素，用正方形和矩形以及三原色以及无彩色系来构筑起一种具有清晰性和规则性的纯粹的艺术造型，仅用这种纯粹到只有线、面、原色的基本元素来反映宇宙存在的客观法则。他的新造型主义被称为"冷抽象"，与建筑的亲缘关系最为密切（图1.39）。

马列维奇是抽象艺术中几何抽象的开拓者，他创立了艺术史上仅有一个人的画派"至上主义"。马列维奇认为客观世界的视觉现象本身是无意义的，有意义的东西就是感觉。绘画要脱离任何映像，脱离对外部世界的模仿而独立存在。他的主要贡献在于对极简几何形态和动态线性几何关系构成方面的研究（图1.40）。

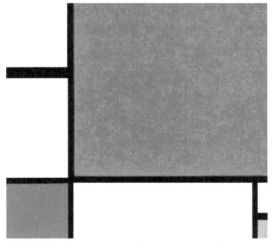

图1.39 蒙德里安的《红、蓝、黄构图》

图1.40 马列维奇的作品

"瑞士迷宫"是在汉诺威世界博览会上瑞士团的景观建筑，它由瑞士建筑师彼德·卒姆托（Peter Zumthor）设计完成。建筑师对木材的使用情有独钟，建筑主体全部采用小木方迭合而成，整座建筑没用一根钉子、螺丝或一滴胶水。互相垂直的墙壁相互交叉形成几个三维的方格形的内院，院内有两座椭圆形的黑色的混凝土塔，分别是卖报亭和酒吧。交叉的木墙之间形成昏暗的通道，整座建筑的通道互相连通形成一座迷宫。从建筑的平面上可以明确看出抽象主义特征，与蒙德里安均衡的几何构图非常的接近，表现出强烈的蒙德里安式的抽象主义（图 1.41）。

图1.41　瑞士建筑师彼德·卒姆托（Peter Zumthor）设计的"瑞士迷宫"

此外，由里特维尔德（Gerrit Rietveld）设计"施罗德住宅"是蒙德里安抽象绘画的一种直接地景观建筑解读，是抽象绘画的立体化。它的意义在于建筑的界面已经不再是简单的墙体围合，它通过几何化的逻辑推理被重新定义，打破了方盒子的静止空间（图 1.42）。

随着抽象派艺术的影响日益壮大，抽象的手法也越来越多地被应用，成为现代景观建筑设计的一个重要表现形式，并成为当代一种普遍的设计原则和设计理念，这也从侧面说明了当代景观建筑形态中包含大量的现代艺术成果，对于这些成果的吸收和借鉴无疑将有利于景观建筑设计的推陈出新。

图1.42　里特维尔德（Gerrit Rietveld）设计的"施罗德住宅"

1.2.2.3　大地艺术与景观建筑

大地艺术是用自然材料直接作为艺术表现媒介，直接把田野、山川、河流当做艺术创作的语言，它既不是简单地对自然模仿，也不是全然地违背自然，而是让艺术深入到自然中去，使自然本身成为艺术作品。大地艺术试图逃脱艺术制度和艺术市场对艺术重塑，这是一种激进的反思，但也是一种乌托邦似的幻想。由于大地艺术远离艺术体系，使得它生命短暂，从 1968～1969 年开始，到 20 世纪 70 年代中期基本消失，但它的精神和思想理念在其他艺术学派中仍然保持旺盛的生命力。

大地艺术因其将自然环境作为创作的场所，成为了许多景观建筑师借鉴的形式设计语言，尤其是在艺术化地形的塑造上。比较有代表性的大地艺术作品是罗伯特·史密森（Robert Smithson）于1970年在美国犹他州的盐湖里建造的一条长约500m的螺旋形波堤，以螺旋形堤坝为代表的"大地艺术"的作品超越了传统的雕塑艺术范畴，与基地产生了密不可分的联系，从而走向"空间"与"场所"，因此被一些评论家称为"概念艺术"。它远离尘嚣，视环境为一个整体，强调人的"场所"体验，将艺术这种"非语言表达方式"引入景园建筑学中，并为之提供了新的设计观念与思路，赋予其勃勃生机（图1.43）。

图1.43　罗伯特·史密森（Robert Smithson）设计的螺旋形波堤

1.2.2.4　极少主义与景观建筑

极少主义（Minimalism）产生于20世纪60年代的美国，经过70年代的低潮期，进入80年代后又重新活跃在各个艺术领域，同时也在建筑领域产生很大的影响。极少主义艺术是指外在的形式被消减至极致，摒弃任何具体的内容、反映和联想，从而直逼形式本质的艺术，它通过把造型艺术剥离到最基本元素达到"纯粹抽象"，完全消除个人情绪的具体感受。其作品最显著的特征是直角、矩形和立方体，创作手段极为简约。极少主义运动中有三位艺术家成为这场运动的代表人物，他们是唐纳德·贾德（Donald Judd）、卡尔·安德烈（Carl Andre）、托尼·史密斯（Tony Smith）。他们分别以其对极少主义独到的理解创作出了许多精彩的作品。

唐纳德·贾德（Donald Judd）是最著名的极少主义雕塑家。他的作品充满了一种简朴的清教主义激情。于1965年完成的代表作《无题》体现了他的这些艺术观点。作品纯净到了"有物无念"的状态（图1.44）。

图1.44　贾德的代表作《无题》

图1.45　安德烈的作品《锌镁地板》

卡尔·安德烈（Carl Andre）在人与自然的关系上选择了单纯、天然的形式。他的作品不做任何修饰，只是将他们摆成一定的形状铺在地上而已。作品《锌镁地板》就充分地说明了他的这种观点（图 1.45）。他希望艺术能够成为自然的一部分，与自然共生共息让人们难于察觉。

托尼·史密斯（Tony Smith）是由建筑界转向雕塑领域的极少主义艺术家，作品大多是黑色的空心钢雕，体现出非人格化的、几何化的特征。他将客观的事物夸张拓展成为具有拓扑品质的水平与垂直的连续体，从而创造出体积感、失衡的倾斜和形式纯粹的体面，使人们能够欣赏到这种奇特的多维度的空间实体。如他的作品《被绘的铝》中就是将铝制品经过几何化的处理后放置于空地上（图 1.46）。

除了绘画和雕塑之外，极少主义艺术同样在建筑领域产生了巨大的响，由于极少主义所具有的工业化倾向和逻辑化的特征使得它与建筑的风格极为的接近。由法国建筑师让·努维尔（Jean Nouvel）设计完成的位于瑞士莫瑞特湖上的滨水景观建筑"奥德塞巨石"就是极少主义景观建筑的典型代表作品（图 1.47）。这座生满铁锈的方方正正的巨大雕塑静静的漂浮在水面上，除去简洁至极的建筑本身和水色天光之外别无他物，这不仅体现了极少主义者所追求的艺术内涵极小化的理念，同时也展现出了极少艺术所独具的艺术魅力。

图1.46　史密斯的作品《被绘的铝》

图1.47　让·努维尔（Jean Nouvel）设计的"奥德塞巨石"

1.2.2.5　概念艺术与景观建筑

"概念艺术"这个词在 20 世纪 60 年代首先由美国艺术家索尔·勒维特（Sol Lewitt）提出。概念艺术认为：一件艺术品从根本上说是艺术家的思想，而不是有形的实物（绘画或雕塑），艺术家的注意力已经从有形的实体转移到了艺术的"意念"上了，这实际上是对"艺术"实质问题的一种诠释。如概念艺术的先驱科索斯（Joseph Kosuth）的作品《一把和三把椅子》（图 1.48），作品旨在说明：实物的椅子可以用影子的照片来说明，实物和图像也可以用字典上的定义来表示，而我们的思想在接受事物时，有事物的概念就够了，事物和图像只是概念的一种表达方式，可以忽略不计。所以说概念艺术本身强调的是艺术概念，而不是艺术品本身。

概念艺术和建筑学的互动关系与其他艺术形态相比，是一个复杂的问题，它更多地提供了一种思考方法，这种方法同样也会对景观建筑的发展起到很大的影响。由 Vicens & Ramos/Ignacio Vicens y Hualde 在西班牙马德里设计的圣莫尼卡教区教堂综合体就是概念艺术运用的一个代表作品（图 1.49）。设计的概念来自于周围城市的混乱的环境，它是一栋综合性的建筑，包括教堂，教区办公室和牧师住房，建筑综合体由两个独立的体块构成，他们被连续的钢铁表皮联系在一起。建筑师将其描述为"爆炸后的瞬间被冻结"，北立面雕塑般的凸起朝向光的方向，似乎是指向天堂的手。

图1.48 科索斯的作品《一把和三把椅子》

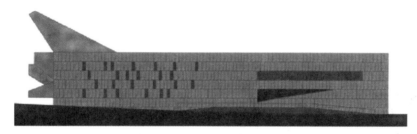

图1.49 Vicens & Ramos/Ignacio Vicens y Hualde设计的圣莫尼卡教区教堂综合体

概念艺术在某种意义上是对艺术本体的一种重新构建和重新理解，最重要的在于探讨思想成为艺术的可能性，这些观念和思想将以某种媒介的表达方式呈现出来。对于景观建筑而言，也是同样的道理，它们可能是被建造成具体实物，但也可以是无形的或者无法实施的，或者不必实施。这对于园林景观建筑的设计无疑会通过一个新的前所未有的角度来重新思考——景观建筑会成为一种生活和思考的方式，成为一种思想的锻炼。作为受到功能、材料、社会、经济、文化等多种因素制约的景观建筑，其表达设计思想的形态因素终将会因为与观念艺术的互动有新的突破和创新。

1.2.2.6　波普艺术与景观建筑

　　波普艺术（Pop Art）出现在 20 世纪 50 年代中后期，在 60 年代形成一种国际性的文化潮流，波普艺术的真正源头应是源自相对保守的英国艺术界。波普艺术的第一个特征是日用现成品成为艺术，利用生活中的日用品，用机器生产的方式改变日用品的属性和改变了人们的生活习惯，使普通日用品成为艺术品，它用世俗的物品和商业手段，使艺术完全走进了人们的生活。另一个特点是通俗题材和拼贴手法，有着"波普艺术之父"之称的理查德·汉弥尔顿（Richard Hamilton）创作的拼贴画《到底是什么使今日的家庭如此别致，如此有魅力？》是波普艺术的代表作品之一（图 1.50）。波普艺术中"拼贴"成了一个重要的艺术概念，通过这种拼贴、集成，一些实物改变了原来的属性，有了新的含义，表现出了现代文明的种种性格、特征和内涵。

　　拼贴这种方法在后现代的景观建筑中得到了热烈的响应，历史符号的拼贴成为现代景观建筑的设计方法。美国建筑师查尔斯·摩尔设计的美国新奥尔良意大利广场，可以说集中了后现代主义所提倡的片段化、零散化和混杂性等这些价值观念，以拼贴的方法构成了一个充满幻觉的复杂空间，也是 20 世纪 70 年代末在美国最有影响的广场之一（图 1.51）。

图1.50　理查德·汉弥尔顿创作的拼贴画　　　　　　　　图1.51　查尔斯·摩尔设计的新奥尔良意大利广场

1.2.3　现代景观建筑的发展

1.2.3.1　现代景观建筑在世界各地的发展

　　当代西方景观建筑的发展已经进入了一个多元化的时代，在社会发展的主流意识形态中，艺术、生态、技术已经成为景观建筑设计理念的三个主要支柱，并深深影响着景观建筑设计的发展方向。

　　在当今世界上景观建筑发展比较快，水平比较高的国家主要有荷兰、瑞士、德国、西班牙、法国、美国、日本等。2000年在德国举行的汉诺威以及2002年在瑞士举行的国际博览会，对世界景观建筑的发展起到了巨大的推动作用。在这两次世界博览会中分别推出了数十件精彩的景观建筑作品。如德国汉诺威国际博览会上推出的由彼德·卒姆托（Peter Zumthor）设计的"瑞士迷宫"、荷兰建筑师MVRDV·热特达姆（MVRDV.Retterdam）设计完成的代表荷兰景观环境的6层钢结构景观作品，以及在2002年瑞士国际博览会推出的四大主体建筑，分别是由让·努维尔（Jean Nouvel）设计的"奥德塞巨石"、蓝天组（Coop Himmelblau）设计的"峨峨三塔"、格鲁伯·穆迪派克（Groupe Multipack）设计的"三碟出水"、迪勒（Diller）和斯科菲迪欧（Scofidio）设计的"空中的云"。这些景观建筑都凝聚了世界众多优秀景观建筑设计师的聪明才智和灵感，成为当代景观建筑的杰作。此外比较突出的景观建筑师还有西班牙著名建筑师圣地亚哥·卡拉特拉瓦（Santiago Calatrava），他以设计生物拟态的表现主义景观建筑而著称，以及西班牙建筑师恩瑞克·密热莱斯和班那德塔·泰格勒布夫妇，日本建筑师伊东丰雄（Toyo Ito），他们以现代技术与艺术相结合为主要设计手段。这些优秀的建筑师为丰富景观建筑设计作出了极大的贡献。

对现代景观建筑设计的理论研究，是随着时代的进步而不断发展的。现代景观建筑设计要求在满足物质功能性和技术性指标的前提下，注重对文化观念和生活方式的体现。如美籍华人贝聿铭设计的巴黎卢浮宫玻璃金字塔就是一成功案例，该建筑的地下部分也相应对应着一个倒立的玻璃金字塔，两者遥相呼应。在白天与夜晚更替时，这一玻璃金字塔就可以明暗逆转，表达了东方的思想理念，阴阳、加减、生生不息的相互关系，将历史文化与现代文明相结合（图1.52）。

图1.52　贝聿铭设计的巴黎卢浮宫玻璃金字塔

1.2.3.2　中国现代景观建筑的发展

现代意义上的中国景观建筑设计更强调大众性和开放性，并以协调人与自然的相互关系为前提。与传统的园林设计相比，其最根本的区别在于，现代景观建筑设计的主要创作对象是人类的家，即整体的人类生态环境，其服务对象是人类和其他物种，强调人类发展和资源及环境的可持续性。在这个前提下，现代景观建筑创作的范围与内容都有了很大的发展与变化。除了对已有古典园林的保护与修整外，城市中各种性质的公园、广场、街道、居住区及城郊的整片绿地都大量地建设起来。

随着新材料、新技术的不断进步，中国景观建筑上的新型建筑材料应用更是层出不穷，钢筋混凝土、木质等传统建筑材料正在淡出舞台，取而代之的是玻璃及膜结构衍生出来的钢质及化学类原料。这些新型建筑材料以其简洁明快、活泼、可塑性强等优点大受设计师及人们的青睐，给设计师提供了广阔的想象空间，设计出的作品不仅能充分表达设计师的创作理念，更能充分地传递着浓厚的现代气息。

1.3　景观建筑与环境的同构

任何建筑都处在一定的环境之中，并和环境保持着某种联系，对于景观建筑而言，建筑形式必须具备与环境良好的对话关系，因此环境性成为其突出特性。与山地、滨水等景观建筑不同，城市景观建筑的环境——城市环境是人类对自然环境干预最为强烈、自然环境改变最大的区域，是高密度、多因素的综合环境，其最显著的特征就是高度人工化。因此城市景观建筑必须与其城市环境取得积极的呼应，需要根据环境要素特点来研究建筑与环境之间的关系特征，选择建筑与环境的处理方式，构建二者的内在关联。

1.3.1　景观建筑对环境的塑造

景观建筑与民用建筑的区别在于景观建筑既是观景的设施又是被观赏的对象，具有"观"与"被观"双重属性。所以创造景观建筑的出发点是"观景"与"造景"，营造自然和舒适的游憩环境。景观建筑形象的塑造离不开景观环境，建筑与环境是一对矛盾的统一体。建筑需要环境作为它的存在依据与条件；反之，建筑也对环境产生一定的影响，促进环境的发展变化。人工的建筑作为空间环境的一部分，影响着城市及自然景观环境。因此，在创作中必须注重与环境的交流与互动。处理得当的景观建筑成为所处环境的有机部分，提升整体景观环境空间品质，反之则会破坏环境。

在进行景观建筑造型设计时，自然景观、城市空间、历史文脉均是景观建筑设计必须考虑的基本因素。通常景观建筑应满足多时段、多角度观赏的要求，将建筑体量化整为零，以不同的体量组合创造多维的形态，可消解建筑与自然的紧张关系，适应景观环境。当然，建筑的造型、色彩、体量必须服从于景观环境，景观环境的美是整体的美。此外，建筑形体的组合应以遵循自然秩序（景观环境固有秩序）为基本手法，研究拟建设区域内场地肌理，正确对待自然环境的制约，以求得建筑形体与周围环境有机和谐。

良好的景观建筑对环境应具有以下作用：

（1）提高景观空间的艺术性，满足人们的审美需求。景观建筑不仅要强化建筑及建筑空间的性格、意境，还要对空间尺度、色彩基调、光线变化作艺术处理，从而营造良好的、开阔的、室外视觉审美空间。如印度的泰姬·玛哈尔陵（图1.53），白色的建筑与绿地、水池、喷泉交相呼应，完美协调，使其成为"世界建筑史中最美丽的作品之一"。

（2）增强环境的综合使用性能。景观建筑不仅要满足人们的审美需求，同时还要从不同角度满足人们的使用功能需求。在景观建筑周围增建雕塑、水体、花池、小品等的设计可以弥补建筑空间的缺陷，加强景观空间的序列性，提高环境空间的综合使用性能（图1.54）。

图1.53　印度的泰姬·玛哈尔陵

图1.54　在景观建筑周围增添雕塑以加强景观空间的序列性

（3）协调"建筑、人、空间"三者的关系。优秀的景观建筑，应能展现出"建筑、人、空间"三者之间协调与制约的关系，就是要将建筑的艺术风格、所形成的限制性空间、使用者的个人特征、需要及所具有的社会属性协调起来。

1.3.2　环境对景观建筑的影响

　　景观建筑应在环境的整体控制下进行设计，整体设计是把环境当作一个有机的整体，即一个局部和另一个局部是相互依存而发挥作用的。因此在景观建筑设计时，要全面考虑建筑与环境的相关元素：地标形态、水体、气候、植物等。在拟定建筑计划时，首先面临的问题就是选择合适的建筑地段，纵观古今中外的建筑师都十分注意对于地形、环境的选择和利用，并力求使建筑能够与环境取得有机的联系。明代著名造园论著《园冶》一书在开篇就强调"相地"的重要性，并用相当大的篇幅来分析各类地形环境的特点，从而指出在什么样的地形条件下应当怎样加以利用，并可能获得怎样的效果。园林建筑是这样，其他类型的建筑也不例外，也都十分注重选择有利的自然地形及环境。通常所讲的"看风水"，脱去封建迷信的神秘外衣，实际上也包含有相地的意思。

　　在对待自然环境的态度上，不同的建筑师有不同的观点。美国建筑师赖特主张"建筑应该是自然的，要成为自然的一部分"。在他看来，人们建造房子应当和麻雀做窝或蜜蜂筑巢一样凭着动物的本能行事，并极力强调建筑应当像天然生长在地面上的生物一样蔓延、攀附在大地上。简言之：建筑应当模仿自然界有机体的形式，从而和自然环境保持和谐一致的关系。这种观点应当说是处理建筑和自然环境关系的一种有代表性的主张（图 1.55）。

图1.55　赖特设计的流水别墅

　　后起的马瑟·布劳亚和赖特的观点正好相反。他在论到"风景中的建筑"时说："建筑是人造的东西，晶体般的构造物，它没有必要模仿自然，它应当和自然形成对比。一幢建筑物具有直线的、几何形式的线条，即使其中也有自然曲线，它也应该明确地表现出它是人工建造的，而不是自然生长出来的。我找不出任何一点理由说明建筑应该模拟自然，模拟有机体或者自发生长出来的形式"。他的这种观点和勒·柯布西耶所提出"住宅是居住的机器"不谋而合，即认为建筑是人工产品，不应当模仿有机体，而应与自然构成一种对比的关系。

　　在对待建筑与环境的关系方面，我国的古典园林有其独到之处。它一方面强调利用自然环境，但同时又不惜以人工的方法来"造景"——按照人的意图创造自然环境；它既强调效法自然，但又不是简单地模仿自然，而是艺术地再现自然。另外，在建筑物的配置上也是尽量顺应自然、随高就低、蜿蜒曲折而不拘一格，从而使建筑与周围的山、水、石、木等自然物统一和谐、融为一体，并收到"虽由人作、宛自天开"的效果。

　　由此看来，环境对建筑和人的心理方面的影响是极其复杂和多方面的，要想使建筑与环境有机地融合在一起，必须从各个方面来考虑他们之间的相互影响和联系。

1.3.3　景观建筑与环境的同构

　　同构指通过建筑的组织与安排，融入原有环境秩序，环境与建筑相辅相成，从而实现景观建筑与环境和谐共生、融合共构。这种处理方式适用于环境秩序清晰、建筑功能较为独立的情况。根据建筑形式的内容，同构的具体设计方法主要有形体协调、风格协调、材料协调、色彩协调等。与周边建筑和环境采用相同或相似的处理手段

图1.56 山东曲阜阙里宾舍

是简单且行之有效的方法，统一的高度、统一的界面位置、统一的材料、统一的风格，都能够加强建筑与环境的关联。

山东曲阜孔府是孔子嫡系后代居住的地方，堂进式的群体建筑多是建于明清两代，式样装饰也多是明清两代之式样，因而在修建西侧的阙里宾舍时，建筑外形以灰色为主，灰瓦、灰砖、灰石，并结合孔府的传统建筑造型，整体与孔府孔庙十分协调。更进一步可以将景观建筑与环境相互延伸，通过空间的相互渗透，以完全开放的格局使建筑融入城市当中，成为城市景观的一个有机部分（图1.56）。

英国建筑师詹姆斯·斯特林（James Stirling）设计的德国斯图加特新州立美术馆也是建筑与环境同构的代表，该建筑建在一个小山坡上，当地居民已习惯于在此穿梭游玩，将其视为生活中不可缺少的一部分。设计师为居民保留了一条穿越博物馆的自由步道，自西侧穿过美术馆的大门，经"之"字形台阶进入圆形内广场，环行半周后由东门出去与山坡上的街道相衔接，成为一条充满趣味的散步通道。建筑师出于对城市物质环境和历史环境的理解以及对居民心理状态的尊重，通过建筑空间与街道形态的融合，成功地将城市道路引入建筑内部，使人们的习惯和记忆得以保留与延续（图1.57）。

同构的背后是异构。异构指景观建筑显著区别于周边环境，通过自身对环境的超越来提升环境的景观品质，重塑环境特征。这种手法通常用于环境秩序较为混乱或环境秩序平淡缺乏特色的状况，以及景观建筑的自身功能需求十分突出的情况。异构后的景观建筑在视觉上与周边环境必然存在显著差异，也就是景观建筑在某方面具有唯一性的特征，这种唯一性是从景观建筑与周边环境建筑的对比中形成的。例如北京CCTV大楼呈折形形式结构，所有部门都被纳入这个结构中，以展现电视节目生产的流水线性质，从而形成一条高效的程序链条。这种符号化的外形象征着中国了解世界的窗口，同时具有极其鲜明的视觉识别性（图1.58）。

每一个景观建筑都是城市环境统一体中的一个要素，建筑的体量、色彩等要表现出恰当的关系，能与其他要素对话，并在与城市环境的对话中趋于完善。因此，景观建筑设计的构思首先要研究基地周围特定的物质环境和历史文脉，寻找其中蕴涵的秩序，从而确定景观建筑与环境的关系模式，然后在此指导下，借助建筑体量、造型、质感、色彩以及开放空间、围合空间的具体设计来实现。

图1.57 詹姆斯·斯特林设计的德国斯图加特新州立美术馆

图1.58 库哈斯设计的北京CCTV大楼

1.4 现代景观建筑设计的发展动向与趋势

1.4.1 现代景观建筑设计的发展动向和趋势

当下，以能源消耗为基础的增长模式以及信息化、全球化的发展趋势为人类发展提出了新的挑战，生态环境的恶化、城市面貌的趋同、传统文化的消失使得原本以承载休闲活动、观赏美景、提供景观为设计目标的景观建筑也必须扩大其深层次内涵，在可持续发展、传承文化及倡导创新方面有更高层次的追求。

1. 艺术化倾向

现代景观建筑的魅力不仅建立在实用性的原则上，而且也不能脱离造型艺术的基本规律。这种倾向主要体现为景观建筑作品以某种艺术形式或艺术思想为设计主题，强调表现作品的艺术特征。在景观建筑设计中，如何构图，如何确定建筑色彩，如何表现质感与光感，如何夸张、概括与取舍等，这些艺术上的方法与技巧无疑会增强建筑的艺术感染力。

2. 人性化倾向

在人性越来越受到关注和重视的今天，人性化的设计思潮必然会在现代景观建筑设计中有所体现，并成为设计发展的一种必然趋势。现代设计作为人类物质文化的审美创造活动，其根本目的是服务于人，它要求设计师对人类已萌发的需求进行分析、研究，设计出满足特定社会群体需求的作品。因此，设计活动自始至终都必须从主体的人出发，把人的物质与精神需求放在第一要素来考虑。

3. 可持续发展倾向

可持续发展的设计理念是当代景观建筑发展的重要指导原则，是关于人类社会发展的新主题。它包含领域极广，具有多角度、多空间的发展理念。反映在现代景观建筑领域中，则是以提高人类生存状态为基础的，探索如何更好地利用各种资源的前瞻性设计的问题，我们应该当作一种指导性原则加以应用。

4.生态技术化倾向

生态技术化倾向不仅仅是单纯的提倡使用高新技术，而是应该把生态性作为一种设计理念贯穿在设计始终，用生态学的观点从宏观上研究自然环境与人的关系，使现代景观建筑尽量结合自然、遵循自然规律。其中包括尊重当地的生态环境，保护原生态系统；利用太阳能、地热、风能、生物能等的被动式设计策略；使用节能建筑材料，争取利用可再生建材；在建筑寿命周期内实现资源的集约并减少对环境的污染，取得建筑、生态、经济三者之间的平衡。

1.4.2 我国现代景观建筑现状及存在问题

目前，我国景观建筑学处于起步阶段，而传统风景园林专业与从业者的知识又不能满足城市急剧发展的要求。这在很大程度上导致了我国目前的景观建筑设计的许多不良现象与表现，大致概括如下方面：一味追求城市美化，忽视城市局部景观与城市整体景观的协调关系；盲目崇拜外来建筑形式，致使城市形象千篇一律；盲目追求城市地标景观建筑，与城市景观规划设计严重脱节；全民环境意识薄弱，从业者自身认识和调整不足；城市建设不同程度地破坏自然原生环境与人文环境，缺乏可持续发展与生态保护意识等等。从以上我国景观建筑设计存在的弊端，可以看出我们的思维大多还停留在单纯为设计而"设计"的层面，无视土地、建筑、人文的关系问题。认真分析导致其现象产生的原因，可以指导我们正确地去探究我国景观建筑的发展道路。

1.5 景观建筑师的综合能力

现代设计大师莫霍利·纳吉（Moholy Nagy）曾指出："设计并不是对制品表面的装饰，而是以某一目的为基础，将社会的、人类的、经济的、技术的、艺术的、心理的多种因素综合起来，使其能纳入工业生产的轨道，对制品的这种构思和计划技术即设计。"

学习景观建筑设计，应加强理论与实践相结合，强化实践环节教学，注重培养学生的动手能力，侧重景观建筑设计方法的训练，达到举一反三、触类旁通的学习效果。现在获取世界各地的建筑信息相对于任何时代都更加便捷，全面研究优秀的建筑师及其成功案例是学习建筑设计的重要途径之一。但是，如果沉湎于"庞大"的信息量，或"裁剪拼贴"，或"惟妙惟肖"模仿，忽视对基本设计方法与创造性思维的学习，则不可能成为一名合格的景观建筑师。因此，作为一名合格的景观建筑师应具备以下几方面的能力和素质。

1.具备设计艺术的感知能力

设计艺术的感知是景观建筑师最基本的能力，这种能力主要是对现实生活形态的感受和把握的能力。通常我们认为它是一种观察力。这种能力对景观建筑师的艺术创作是十分重要的，因为创作源于生活，要有对生活积极的观察与品味，才能激发设计师活跃的艺术细胞。

2.具备广博的科学文化知识与修养

设计是综合的艺术，景观建筑师不但要具备扎实的景观设计学、建筑学、设计艺术学等学科的基本理论、基础知识。同时还要具有对文学、绘画、戏剧、音乐等具有较深的理解和鉴赏水平，才能在空间的文化内涵、艺术手法、空间造型等方面进行深入的设计和展示。

3.具备准确的表现能力

景观建筑师要具有一定的绘画技能及美学知识，才能应用相应的艺术理论及设计手法对建筑形态进行艺术创造，才能将自己头脑中的设计意图准确的、熟练的绘制出来，如徒手草图、总平面图、三视图、透视图、轴侧图、效果图等，以及具备诠释能力，将抽象的概念和复杂的信息形象化、情节化、趣味化，选择尽可能美的形式打动观者。

4. 具有三维空间的驾驭能力

景观建筑是一门空间艺术，三维空间的理解和想象力对于一个景观建筑师来讲是至关重要的。因此，平时要多观察、多记录，对建筑外观形态、景观环境等进行强化训练，培养其三维的构图能力。

5. 具备解决问题和创新能力

景观建筑师应具备横向思维能力，这种能力的实质就是创造力和创新精神。创新就是不与别人重复。创新是设计的灵魂，只有思想开放、勇于突破的设计者才能收获成功的喜悦。创作能力主要决定于景观建筑师的艺术修养、认识能力和思维方式。

6. 具备科学研究及沟通协作能力

景观建筑师应具有一定的科学研究和实际工作能力，了解国内外景观建筑学科的理论前沿、应用前景及发展动态，同时能够听取别人的意见，善于同别人合作，能与全体设计人员形成具有统一思想的团队整体。

景观建筑设计是一门综合性的设计，它要求景观建筑师不仅具备审美的艺术素质，同时还应具备城市规划学、环境保护学、园林学、绿化学、室内设计学、社会学、设计学等多门学科的综合知识体系。

本 章 小 结

随着经济的发展人们越来越重视自己的生活环境和生活品质，景观建筑设计也越来越受到人们的推崇。作为建筑设计与环境艺术相结合的边缘学科——景观建筑设计应是将来建筑设计的重要组成部分，它要求设计人员不但要有高超的建筑设计技巧与能力，还要有良好的艺术修养和文化素养，以及对环境艺术美的驾驭能力，能够将建筑本身的文化、地景以及城市文脉融合在一起，站在历史与现实乃至未来的高度，去寻找和塑造城市的灵魂，以可持续发展的生态理念，达到人与人的和谐、人与自然的和谐，以及历史与未来的和谐，秉承科学、人文、生态的理念去打造人类梦想的"情感归宿"。

思考题与习题

1. 怎样理解现代景观建筑设计的概念？有什么特点？
2. 西方现代艺术以及各种艺术运动对景观建筑有哪些影响？
3. 现代景观建筑设计的发展动向与趋势有哪些？
4. 作为一名合格的景观建筑师应具备哪些的能力和素质？

设计任务指导书

1. 设计题目：大师作品解读
2. 设计目的：通过大师作品解读，全面了解和把握建筑大师的建筑思想、建筑作品的特点和语言表现手法，了解建筑的本质。
3. 设计内容和成果
（1）材料分析及图解，一律手写。

（2）草图、平面图、立面图、剖面图、彩色透视图至少各一张。

（3）平面图、立面图、剖面图用墨线尺规绘制，草图和彩色透视图徒手绘制。

（4）A2 绘图纸至少 2 张，图幅版式自定。

（5）作业名称、学号、年级、姓名等。

参 考 文 献

［1］李砚祖．环境艺术设计［M］．北京：中国人民大学出版社，2005.

［2］周维权．中国古典园林史［M］．北京：清华大学出版社，1990.

［3］凯文·林奇．城市意象［M］．何晓军译．北京：华夏出版社，2001.

［4］陈志华．外国建筑史（19 世纪末叶以前）［M］．北京：中国建筑工业出版社，2002.

［5］王胜永．景观建筑［M］．北京：化学工业出版社，2009.

［6］陈传峰，唐晓棠．观中国现时景观建筑情形［J］．中国林副特产，2005（02）.

［7］余菲菲．简谈中国景观建筑的发展现状［J］．中国西部科技，2007（10）.

［8］谭瑛．隐构·同构·异构：城市景观建筑形式的环境性表达［J］．建筑与文化，2009（11）.

［9］李波．当代西方景观建筑美学研究［D］．天津：天津大学硕士论文．2004.

［10］闫明．建筑和景观设计中"多义"现象的探讨［D］．北京：北京林业大学硕士论文．2008.

［11］马辉．景观建筑设计理念与应用［M］．北京：中国水利水电出版社，2010.

［12］过伟敏，史明．城市景观形象的视觉设计［M］．南京：东南大学出版社，2005.

［13］彭一刚．建筑空间组合论［M］．北京：中国建筑工业出版社，2001.

［14］钱建，宋雷．建筑外环境设计［M］．上海：同济大学出版社，2002.

［15］张哲，乐志，等．园林建筑设计［M］．南京：东南大学出版社，2005.

［16］潘谷西．中国古代建筑史［M］．北京：中国建筑工业出版社，2009.

［17］http：//www.archgo.com/.

［18］http：//www.quzhimin.com/article/.

第2章
现代景观建筑设计理念的广延性

● **学习目标**

1. 通过本章学习，了解人性化设计和生态设计的概念、特点及原则。

2. 深入理解现代景观建筑设计的文化倾向，考虑当代景观建筑文脉延续是对特定场所各种历史信息、分析和归纳整合，同时使之与当代需求相契合。

3. 通过对现代景观建筑设计新理念的学习，培养学生的思维广度和深度，提高学生的眼光和设计思维能力。

● **学习重点和建议**

1. 明确人性化设计、生态设计与现代景观建筑设计之间的关系，深刻理会在设计新理念影响下的当代景观建筑如何发展。

2. 加强景观建筑设计知识理论的学习，深刻理解理论与实践关系的重要性。

3. 对当代设计动态前沿及设计新手法进行深入了解，认清当今景观建筑设计的发展趋势和动向，有利于景观建筑创作实践活动的开展。

4. 建议本章12学时。

2.1 人性化与现代景观建筑设计

2.1.1 人性化设计的概念与特点

要了解人性化设计，首先要认识人性。在现代汉语辞海中人性被解释为：在一定的社会制度下和一定的历史条件下形成的人的本性，为人所具有的正常的理性和感情。通俗的说，人性就是指人的需要本质在人与环境的相互关系、相互作用中表现出来的各种属性。人与环境的相互关系与作用反映出人的活动是多种多样的，因而人性也是多方面的，多样化的。

人性化设计就是在提供设计、服务之前应综合考虑人的行为习惯、人体的生理结构、人的心理情况、人的思维方式等等，是对人的心理生理需求和精神追求的尊重和满足，是设计中的人文关怀，是对人性的尊重。在原有设计基本功能和性能的基础上，对产品进行优化，使设计尽可能满足并适应使用者的需求和行为活动，在使用过程当中能得到最佳使用体验和满意度。

人性化设计是科学与艺术、技术与人性的结合，科学技术给设计以坚实的结构和良好的功能，而艺术和人性使设计富于美感，充满情趣和活力。人性化设计在很大程度上和实用性设计紧密联系在一起，或者说人性化设计就是实用性设计的一个思路和原则。

人性化的景观建筑设计应具有以下三方面的特征：①充分满足人生活方式的多重性，使建筑空间多义化；②强调人与生态自然的和谐；③尊重人与人的交往，增强邻里居住文化。这三点均是以人为出发点，重视协调人与建筑、人与自然、人与人之间的关系，体现了以人为本的指导思想。

2.1.2 人性化景观建筑设计的思想内涵

现代设计对于人性化的体现触及到人类的生活的方方面面。人性化设计的目的和核心是"关爱人、尊重人"，人性化的内涵不会随着时间、空间、地域的变化而发生变化，但人性化的表现是具体的，受时间、空间的转变而变化，所以必须与具体的外部环境相联系。目前，在景观建筑设计中，人性化的表现主要体现为物理层面的关怀，将人体工学原理运用到建筑设计中，以人体的生理结构出发的空间设计；回归自然的人性化设计情怀，在生活中尽量地选择自然的材质作为设计素材；对少数弱势群体的关怀，如老年人、儿童、孕妇以及残障者等，使得整个社会感受到人性化的关怀；以及以人文资源保护与文化继承为目标的设计。

2.1.2.1 物理层面的关怀

将人体工学运用到景观建筑设计中是典型的满足人们物理层面的需要。这主要体现在建筑细节上，空间使用的舒适程度、尺度把握、空间布局以及材料的运用，包括色彩、光线等安排都应按人的生理和心理来考虑。现代主义最著名的建筑大师密斯·凡·德罗，当被要求用一句话来概括成功的原因时，他只说了五个字："魔鬼在细节"。密斯反复强调不管你的方案如何恢弘大气，如果对细节的把握不到位，就不能称之为一件好作品。他设计的每个剧院，都要精确测算每个座位与音响、舞台之间的距离以及因为距离差异而导致不同的听觉、视觉感受。他会一个座位一个座位地去亲自测试和敲打，根据每个座位的位置测定其合适的摆放方向、大小、倾斜度、螺丝钉的位置等。这样，建筑的人性化设计近于苛刻地从每一个角落的细微之处呈现出来。

2.1.2.2 心理层面的关怀

心理层面上的满足感，建立在建筑功能的满足和对人物理层次的关怀基础之上。心理层面上的满足感不像物理层面上的满足感那样直观，它往往难以言说和察觉，甚至连许多使用者也无法说清为什么会对某些建筑情有独钟。人性化的景观建筑设计注重改善建筑与人之间冷冰冰的关系，力图将人与物的关系转化为类似于人与人之间存在的一种可以相互交流、寻求心理安慰的关系。意大利建筑师伦佐·皮阿诺（Renzo Piano）设计的Tjibaou文化中心是一个与当地自然环境紧密结合的一个极佳的例子，这个建筑不仅创造了绿色与人性相互交融的空间，而且还让人在工作时更贴近阳光、空气和自然，同时也起到了很好的生态效果（图2.1）。

图2.1 皮阿诺设计的Tjibaou文化中心

2.1.2.3 弱势群体的关怀

无论谁都有自由生活的权利，尤其是我们身边的弱势人群必须得到足够的重视，像老年人、儿童、孕妇以及残障者，因为这些人群与一般成年人有很大差异，许多设计对他们来说根本就不适用，而人性化设计的建筑就是要最大限度地消除由于自身身体不便带来的障碍。丹麦的大都会建筑事务所（简称OMA）设计的波尔多住宅，就充分体现了对残障者细致入微的关怀（图2.2）。

图2.2 让·努维尔设计的波尔多住宅

2.1.2.4 社会层面的关怀

社会层面的关怀是建筑师对人的生存环境的关怀。设计不能只关心个别人群，不能只考虑自己这一代人的舒适，更重要的是看到人类文明的发展和延续，看到人类生存环境的可持续发展。近年来的社会变革使人类生活发生了重大的变化，人类的生存条件与环境在许多方面有了显著的改善，但同时人与自然的关系也遭到极大的破坏。人类除了面临能源危机、生态失衡、环境污染等诸多问题外，甚至还得面临人类自身的生存问题。频繁出现在国际间的名词"可持续发展"，说明人类能否长久地在地球上生存已经成为全球面临的严峻问题。建筑理论界有人提出"可持续建筑"、"绿色建筑"的理念，试图给设计行为重新定位，以防止建筑设计对环境的破坏，防止社会过于物质化，防止传统文化的葬送和人性的失落，防止人类异化。这就要求建筑师应将设计的职业道德作为履行社会职责的基础。建筑师在进行设计之前，应考虑他的设计是否对社会有益，从而抵制不良设计。这个也是人性化建筑设计的最高层面，也是最难实现的层面。

2.1.3　人性化景观建筑设计的原则

2.1.3.1　以人为本的原则

"以人为本"的思想是将人的利益和需求作为考虑一切问题的立足点，并以此作为衡量的尺度。这就要求我们把设计的目光转移到人的身上，把关心人、尊重人的概念具体体现于景观建筑设计的创造中，重视人在建筑环境中活动的心理、行为和文化，从而创造出满足多样化需求的理想空间。在此理念下，城市景观建筑要综合体现系统性、功能性、文化性、经济性和先进性的统一协调；既要强调人的发展，又要关注自然与环境资源的可持续性，达到人与自然的和谐共生。

2.1.3.2　整体与系统性原则

环境的整体性是指环境系统内部要素的结构稳定、功能正常及要素之间的不可或缺及和谐共存的状态，整体是系统的核心。首先从城市设计的角度看，"整体性"思想不仅在物质形体层面上有意义，而且在心理学和社会学层面上同样有意义。根据凯文·林奇的意象理论，人对城市形体环境的体验认知，具有一种整体的"完形"效应，是一种经由对若干个别空间场所的、各种知觉元素体验的叠加结果。其次，由系统概念可知，如果将城市空间系统比做"面"，城市街道系统就可比做"线"，景观建筑被看做"点"，点线面结合才能发挥作用，缺一不可。例如闻名遐迩的巴黎中轴线上自东向西依次排列着一系列情感凝重、象征性极强的纪念建筑：卢浮宫、玻璃金字塔、卡鲁赛尔凯旋门、杜伊列利御花园、协和广场、方尖碑、香舍丽榭大道、戴高乐广场、凯旋门。如果没有系统的空间规划是不可能有如此辉煌壮丽的城市的。中国的北京古城也是沿着南北向中轴线整体规划的典范，其他建筑依次排列，这种系统规划的空间成就了古城的光辉灿烂。

2.1.3.3　弹性与动态性原则

许多城市都已有 1000 多年甚至 2000 多年的历史，今天还在不断地更新、延续着它们的生命，始终处于新陈代谢的过程之中。各个时代的设计者、建造者一代又一代地塑造着城市空间。意大利著名的圣马可广场就是弹性与动态性原则的典型案例，从公元 9 ~ 18 世纪经过了多次改建，但每一次改建增建都努力保持整个广场的和谐统一，并使之趋向更完美，它是若干代人共同创作的结晶，这并不意味着后者必须要采用与前者相同的形式，其实质在于重视评判前者，并使两者有和谐的关系。培根（Edmond Bacon）在他的《城市设计》一书中所阐述的"下一个人的原则"对我们今天的城市景观建筑建设是颇有启发的。培根说："正是下一个人，他要决定是否将第一个人的创造继续推向前去还是毁掉。"

弹性与动态性原则主要可以体现在以下几个方面：城市景观建筑的建设是一个过程，在过程中会有信息反馈回来，需对原有信息进行修正，因此是动态的；城市景观建筑不可能一次规划到位，需要进行调整，只有不断接收动态信息，才能不断完善原有的城市系统规划；在实施过程中，城市景观建筑设计应从城市设计高度为空间形体提供三维的轮廓和大致的政策框架，为具体设计提供由外向内的约束条件。

2.1.3.4　可持续性原则

可持续性原则注重研究城市景观建筑的演变过程以及对人类的影响，研究人类活动对城市生态系统的影响，并探讨如何改善人类的聚居环境，达到自然、社会、经济效益三者的统一。可持续发展建筑的意义在于宏观战略上的思考，它必须着眼于未来，着眼于社会、环境。城市景观建筑人性化设计的可持续性原则主要体现在以下三个方面。

1. 生态环境的可持续性

真正的设计要尊重自然，尊重每一个普通的人，要为自然而设计，亦为人而设计，追求人与自然的和谐相处，达到景观建筑与人的和谐。真正的现代化并不意味着破坏自然、破坏生态，也不是钢筋水泥丛林的高楼大厦，而是自然和文化的天人合一，用最少的投入、最简单的维护，充分利用自然原本的环境和原有的特色，达到设计与当地风土人情及文化氛围相融合的境界。安徽黟县宏村是成功运用"生态学"来改造人居环境的佳例。该村水圳九曲十弯，贯穿于家家户户，向南注入水面宽阔的南湖。在村中心，利用原有天然泉眼，建半圆形水池月沼，好似水面"铺砌"而成的广场（图2.3）。这一优美的水系及围绕水系的建筑群，构成了宏村富有诗情画意的、自然环境与人工环境融为一体的村落环境。

2. 地域文脉的可持续性

城市景观建筑的个性往往呈现出浓郁的地方性，所谓地方性是指在同一地理环境中形成的，并显示出来的地域特征或乡土特征，所谓"一方水土养一方人"，"十里不同风，百里不同俗"。如今全球化浪潮席卷世界，城市记忆正在消失，如何保持对城市记忆的延续即可持续性，对于建筑设计师来说是富有挑战意义的命题。这项工作不仅仅意味探究历史、保持地方特性，而且意味在历史环境中注入新的生命，因此涉及景观建筑的创作必须是再认识历史的过程，重新寻求空间、环境、技术概念等因素之间的对话媒介，最大限度地延续城市的文化。

3. 空间效率的可持续性

城市空间体系从表面来看以环境为中心，从长远来看实质上以人本为中心，空间的构成需要根据环境与资源所提供的条件来强调长期环境效率、资源效率和整体经济性，在此基础上再追求空间效率。城市外部空间将向更加综合的方向发展，综合城市自然环境和社会方面的各种要素、在一定的时间范围内使空间的形成既符合环境条件又满足人的不断变化的需要。同时，城市景观建筑形态经过长期积淀而体现出来的历史文化特征也应予保护和发扬，特别是对历史文化地段独特的自然环境和空间要素，如广场、街道和历史性建筑以及旧住区中具有环境意向和邻里归属感的街道空间，标志物如古井、古树、小桥等应采取整体的风貌保护措施，通过环境的延续性产生达到传承历史文脉、保持社会网络的作用（图2.4）。

图2.3　宏村中央的月沼湖景

图2.4　通过环境的延续性达到传承历史文脉的街道景观

2.2 生态设计与现代景观建筑设计

2.2.1 生态学与生态建筑

生态学（Ecology）的概念是德国生物学家恩斯特·海克尔于 1869 年首先定义的，生态学是研究生物之间、生物与环境之间相互关系的科学。生态学的核心是生态系统学，它具有整体性与联系性的特点。生态学与建筑学相结合即所谓生态建筑学，是建立在研究自然界生物与其环境共生关系的生态学理论基础上的建筑规划设计理论与方法。

从建筑本身的角度来看，生态建筑是一个发展的方向。20 世纪 60 年代美籍意大利建筑师保罗·索勒瑞（Paola Soleri）把生态学（Ecology）和建筑学（Architecture）两词合并为"Arcology"，提出"生态建筑学"的新理念。并在《生态建筑学：人类理想中的城市》中提出了生态建筑学的理论。1969 年美国著名景观建筑师麦克哈格（Ian McHarg）所著《设计结合自然》的出版，标志着生态建筑学的诞生。

生态建筑学要研究的内容是在人与自然协调发展的基本原则下，运用生态学原理和方法，协调人、建筑与自然环境之间的关系，寻求创造生态建筑环境的途径和设计方法，体现人、建筑环境与自然生态在"功能"方面的关系，即生态平衡与生态建筑环境设计和"美学"方面的关系。正如著名的生态工程师德·波特所说："考虑生态原则的建筑设计，是一个不产生废物的平衡系统，因为某一过程的输出物将成为另一个过程的输入物，能量、物质、信息在相互关联的过程中循环往复。"生态建筑以整体有序性、循环再生性、反馈平衡性和绿色技术性等特征，保证人类生存环境的可持续发展，从而达到人与自然的真正和谐。

在目前资源、能源匮乏的现状下，生态建筑要求在资源、能源利用方面充分体现"5R"原则，即 Revalue、Renew、Reduce、Reuse、Recycle。

Revalue 意为"再评价"，引申为"再思考"、"再认识"。长期以来，人类已经习惯了对自然的索取，而未想到对自然的回报，尤其是工业革命以来，人们更是受工业革命所取得的成果所鼓舞，不惜以牺牲有限的地球资源、破坏地球生态环境为代价，疯狂地进行各种人类活动，从而导致人类自身生存环境的破坏，人们不得不重新审视自己过去的行为，重新评价传统的价值观念。

Renew 有"更新"、"改造"之意。这里主要指对旧建筑的更新、改造、重新利用。

Reduce 原意为"减少"、"降低"，在生态建筑中有三重含义，即减少对资源的消耗、减少对环境的破坏和减少对人体的不良影响。

Reuse 有"重新使用"、"再利用"等含义。重新利用一切可以利用的旧材料等，做到物尽其用，减少消耗，维护生态环境。

Recycle 有"回收利用"、"循环利用"之意。这里是根据生态系统中物质不断循环使用的原理，将建筑中的各种资源尽可能地加以回收、循环使用。

1999 年在北京召开第 20 届国际建协大会通过了《北京宪章》，全面阐述了与"21 世纪建筑"有关的社会、经济和环境协调发展的重大的原则和关键问题，提出了建立广义建筑学的科学思想，其中重要一点就是正视生态困境，加强生态意识的提议。

2.2.2　将生态思想引入现代景观建筑

将生态思想引入景观建筑空间，是当代景观建筑最为普遍和最具有生命力的设计理念。强调人与自然的和谐，强调人工环境与自然环境的渗透融合，是生态化的完美表现。自然的空间要素造就了和谐生态美，成为美学一个新的发展领域。在尊重生态规律的美学法则下，运用科技手段创造自然和谐的建筑室内环境，带给人们旷日持久的精神愉悦，这是一种更高层次、更高境界、更具生命力的和谐有机的美。这样的建筑空间设计在创造环境美的同时，可以节约常规能源和不可再生资源，利用自然、气流、通风形成资源的节约循环利用，减少能源的消耗，体现未来可持续发展的设计理念。

将生态思想引入现代景观建筑空间需要满足以下几个方面的要求。

1. 适应场所的自然过程

从狭义上讲，适应场所强调了景观建筑与周围自然环境之间的整体协调关系。从广义上讲，适应场所还强调了景观建筑环境与地球整体的自然生态环境之间的协调关系。尊重自然、生态优先是生态设计最基本的内涵，对环境的关注是景观建筑设计存在的根基。了解场所的自然过程，如阳光、水、风、土壤等，在设计过程中充分考虑自然因素，将它们有机地、合理地结合在一起，确保自然为景观系统服务，使景观建筑向健康的方向发展，这样的设计才能称为生态设计。

2. 应用高新技术手段

在景观建筑设计中采用高新技术是对当今生态危机的一种积极、主动并且有效的解决之道，因而也是景观建筑未来发展的方向。景观建筑的创作，要求建筑师具有更高的综合素质，不但要掌握被动式生态设计方法的精髓，更要关注相关领域的最新生态型技术发展方向，根据地域的自然生态环境特征，主动地应用高新技术手段，对建筑的物理性质（光线控制、通风控制、温湿度控制以及建筑新材料特性等）进行最优化配置，合理地安排并组织建筑与其他相关环境因素之间的联系，使建筑与外界环境统一成为一个有机的、互动的整体。

3. 尽可能满足人的各种需求

人类营造建筑的根本目的就是为自己提供符合特定需求的生活环境。当然，人的需求是多种多样的，包括生理上的和心理上的，相应地，对于景观建筑的要求也有功能上的和精神上的，影响这些需求的因素十分复杂。因此，作为与人类关系最为密切、为人类每日起居、生活、工作提供最直接场所的微观环境将直接关系到人们的生活质量。景观建筑设计在注重环境的同时，还应给使用者以足够的关心，认真研究与人的心理特征和人的行为相适应的空间环境特点及其设计手法，以满足人们生理、心理等各方面的需求，符合现代社会文化的多元倾向。

4. 尊重传统文化和乡土环境

传统文化和乡土环境是当地人根据当地的生活条件，经过成百上千年的经验积累和生活实践形成的，具有很强的当地环境适应性，我们不但可以在传统文化和乡土环境中得到许多设计方面的有益启示，而且还能使设计更加符合当地人的生活习惯，更容易为人们所接受。

5. 选择当地材料

对景观建筑生态设计而言，材料主要是指植物材料和建筑材料的选择与使用。现在城市中存在的许多环境问题都是因为建筑材料选择不当所引起的，充分选用健康无害的建筑材料、利用当地材料甚至场地原有的建筑材料是生态设计原理在建筑设计中应用的重要体现。例如，陕西窑洞这一传统民居形式适应当地自然条件，就地取材，利用黄土所特有的保温隔热性能，冬暖夏凉，是传统节能、节地建筑的典范（图2.5）。当然我们在进行景观建筑设计时也应该注意不能排斥对当地环境条件适应性强，具有较大的观赏、生态价值的外来物种。

图2.5 陕西窑洞

2.2.3 现代景观建筑生态设计方法

景观建筑生态设计的主要目的是改善人们的居住环境，增强人们与大自然的联系，还能降低能耗，消除污染，保护我们赖以生存的环境。依据其目的我们可将现代景观建筑生态设计方法归结为以下几个方面。

1. 尽可能利用可再生能源

可再生能源是生态建筑对能量利用的方法之一，目前应用于生态建筑中的可再生能源有太阳能、风能、地热能等，其中以太阳能的利用最为广泛，技术也最为成熟。自古以来我们的祖先在修建房屋时就知道利用太阳的光和热。在我国北方大部分地区无论是庙宇、宫殿还是官邸民宅，大都南北向布置，北、东、西三面围以厚墙以加强保温，南立面则满开棂花门窗以增强采光和获热。这种建造方式完全符合太阳能采暖的基本原理，可以说是最原始、最朴素的太阳能利用。近年来，由于现代建筑能耗越来越高，世界各国都将在建筑中运用太阳能的研究推向更高阶段。目前太阳能在景观建筑中的应用主要包括采暖、降温、干燥以及提供生活和生产用的电力热水等。

2. 尽可能多地获得自然采光

屋顶是光线进入室内的主要途径，于是各种用于光线收集、反射构件被应用于屋顶形式。如福斯特设计的德国柏林国会大厦改建的穹顶就是一个新型的采光装置。中庭是建筑中光线进入的主要通道，在生态性的景观建筑中可以看到大量采光中庭。阳光由中庭渗入建筑，通过阳光收集、反射装置达到内部空间，与这个开敞空间相连的房间不仅可以减少一半的热量流失，同时减少制冷需耗（图2.6）。

3. 最大限度获得自然通风

生态建筑师们利用风压、热压以及机械辅助的手段尽可能地获得自然通风。在 Tjibaou 文化中心的设计中，皮亚诺设计了一套十分有效的被动通风系统。由于当地气候炎热潮湿，常年多风，因此最大程度地利用自然通风来降温、降湿便成为适应当地气候、注重生态环境的核心技术。其原理是采用双层结构，使空气自由地在弧形表面与垂直表面之间对流，而建筑外壳上的开口则是用于吸纳海风。针对不同风速和风向，可通过调节百叶窗的开合和不同方向上百叶的配合来控制室内气流（图2.7）。

4. 对废弃物的重新利用

现代景观建筑设计要求重视对废弃物的重新利用，使其服务于新的功能，这样即可以减少能源的消耗，又可以有效地处理废物，做到一举两得。在这方面国内外有许多成功的经验。德国北杜伊斯堡景观公园中的一个广场，是由一个旧工业区改造而成的实例。该广场的地坪是由原工业区遗留下来的47块金属板铺成，此设计不仅利用了废旧材料，还加强了广场的"历史意象"（图2.8）。受西方产业用地改造的影响，中国的景观设计师也开始了这方面的尝试，俞孔坚在广东省佛山市粤中造船厂旧址上改造而成的中山岐江公园，保留了原场地的船坞、水塔、龙门吊以及许多机器，并对它们进行艺术再生和再利用（图2.9）。

图2.6 福斯特设计的柏林国会大厦

图2.7 皮亚诺设计的Tjibaou文化中心

图2.8 德国北杜伊斯堡景观公园

图2.9 俞孔坚设计的中山岐江公园

5. 建构合理的绿色体系

结合建筑构造技术和先进的电脑控制技术，设计师将绿色生态体系"移植"到建筑周围，使景观建筑周边具备较强的生物气候调节能力，创造出田园般的舒适环境。诺曼·福斯特设计的法兰克福商业银行总部大厦，成功地将自然景观引入超高层集中式办公建筑中，被称为世界上第一座"生态型"超高层建筑。福斯特设计了9个14.03m高的花园，沿9层高的中央通风大厅盘旋而上，给大厦内的每一个办公室都带来令人愉快和舒适的自然绿色景观，并获得自然通风，还可以使阳光最大限度地进入建筑内部（图2.10）。

（a）　　　　　　　　　　　　（b）

图2.10　诺曼·福斯特设计的法兰克福商业银行总部大厦

2.2.4　现代景观建筑生态设计实践

1. 2000 年世界博览会日本会馆

2000 年在德国汉诺威举行的世界博览会以"人·自然·技术：展示一个全新的世界"为主题，强调以人类的巨大潜能、遵循可持续发展的规律来创造未来，从而带来人类思想的飞跃，实现人、自然和技术的和谐统一。日本会馆占地约 3600m²，由青年设计师坂茂（Shigru Ban）设计。他从材料和结构的特性出发，切合世博会的主题，设计了这座建筑史上规模最大、重量最轻的纸造建筑。会馆的骨架全是由再生纸管构成的，覆盖墙面和屋顶的是一层半透明的再生纸膜。无需人工照明，展馆就像一个巨大的波浪形的黄色灯笼，散发出柔和光芒。世博会结束后，会馆便于拆卸，全部回收利用，体现了"零废料"（Zero Waste）的生态设计理念（图 2.11）。

2. 2000 年世界博览会荷兰会馆

荷兰会馆被认为是 2000 年世界博览会上最"酷"的建筑，由荷兰著名的 MVRDV 建筑事务所设计。它的设计主导思想是"荷兰创造空间"，因此，建筑师们将典型的荷兰风景竖向叠成一片片"三明治"，建成 40m 高的塔楼，这也是世博会中最高的国家展馆。这一设计强调了荷兰人充分利用现有土地的能力，并以此来说明该国的土地是荷兰人从大海中挽救出来的。整个展馆就像是脱了外壳的建筑，所有内部结构均展现在人们的视野之中。其内部从上至下由"屋顶花园"、"雨林"、"森林"、"根"、"园艺花圃"和"沼泽沙丘" 6 层叠加而成，并有一个自给自足的风力发电系统和水循环系统。荷兰

图2.11　坂茂设计的日本会馆

馆运用展示性和实验性的设计手法，诠释了设计对环境的认知和表达，以这种全新的自然空间组织形式和自主的能源系统，向世人展示了他们运用现代技术来达到人与自然和谐发展的境界，也为城市空间未来的自然化问题提供了参考（图2.12）。

3. 2010 年上海世博会加拿大馆

2010 年在中国上海举办的世博会以"城市，让生活更美好"（Better City，Better Life）为主题，表达出城市经济的繁荣、城市科技的创新、城市社区的重塑、城市和乡村的互动等内容。

加拿大馆占地 6000m²，它的亮点在于它的标题"Living City"，其完整的主题是"充满生机的宜居城市：包容性、可持续发展与创造性"（The Living City：Inclusive，Sustainable，Creative）。该主题生动地勾

图2.12 MVRDV建筑事务所设计的荷兰会馆

画出加拿大城市发展的特点：多元和开放。展示主题分为三个部分：包容型城市、永续型城市和创新型城市。

展馆由三幢大型几何体建筑组成，展馆的中央是一片开放的公共区域，参观者可以通过这个公共区域进入展馆。从加国运来的红杉木，窄窄的、大片大片地盖在钢架上成为馆舍"外套"，让阳光下加拿大馆的金黄色格外温暖。红杉木不易遭受气候的侵蚀，还具备了良好的保暖和隔音效果，光线从红杉板缝隙"钻"进展馆，地上就有了排排琴键，C形建筑的内圈墙体是绿意盎然的植被墙，诠释的也是"可持续发展"。另外，建筑上处处体现了可回收利用的技术，除了绿色植被墙，雨水也被排水系统回收，在展馆内重新使用。为了让展示区域的空间最大化，展馆内部禁止摆放大型展品和物件，以确保展示区域内的空气流通和视野开阔（图2.13、图2.14）。

图2.13 上海世博会加拿大馆（1）

图2.14 上海世博会加拿大馆（2）

4. 2010 年上海世博会葡萄牙馆

葡萄牙馆占地 2000m²，展馆用大量环保天然的软木筑成。软木是一种具有葡萄牙特色的材料，选取这个有创意的环保范例，旨在在世博会上推广葡萄牙国家形象。除了外墙之外，葡萄牙馆内的影院墙壁上也全部贴满了软木，这种软木都是用边角余料压合制成的，如同为外墙穿上了一层泡沫外衣，不仅可以达到隔音、隔热的效果，而且在展览结束之后能回收再利用（图2.15）。

图2.15　上海世博会葡萄牙馆

2.3　当代景观建筑设计的文化倾向

2.3.1　景观建筑与社会文化

2.3.1.1　意识形态对景观建筑的影响

　　意识形态集中反映该社会的经济基础，表现出该社会的思想特征。每个社会的统治阶级的意识形态，都是占社会统治地位的意识形态。在社会政治和相关的意识形态下，景观建筑设计也反映出了不同社会阶层的社会愿望。

图2.16　紫禁城

　　纵观历史，北京古城以永定门—正阳门—紫禁城为中轴，呈对称布局。紫禁城位于中轴北端，是全城的重点。南北纵长约960m，东西约760m，矩形平面。其建筑群基本采取沿轴线南北纵深发展，对称布置的方式。这种严格的中轴对称反映出当时的社会阶层关系，反映出统治阶级至高无上的统治地位，是对封建制度的一种政治回应（图2.16）。除了紫禁城，其他建筑一般采用统一的蓝砖灰瓦、四合院模式，宛如军队般的陈列着，在紫禁城前表现出低微和恭顺。

　　再观具有专制荣耀的法国古典主义宫

苑——凡尔赛宫。同样在设计中运用了中轴线,雕刻、水池、喷泉、花坛等沿中轴线依次展开,其余部分都来烘托轴线。豪华的宫殿给人的总体印象是广阔、壮丽和装饰性舞台道具的感觉,它是统治者路易十四的权利和意志的象征。

2.3.1.2 宗教信仰对景观建筑的影响

社会的发展和政权的交替,使各个时期出现了不同的宗教信仰及特定的民俗文化,两者是形成建筑空间与建筑色彩的重要原因。如藏族建筑就是围绕宗教信仰和传统民俗发展起来的一种典型形式,其富有浓厚的宗教色彩也是区别于其他民族民居最明显的标志(图2.17)。

图2.17 藏族建筑民居

2.3.1.3 传统文化对景观建筑的影响

对传统文化及历史主义的适从,是当代景观建筑思潮的重要组成部分,它强调建筑文化的历史沿袭性,倡导建筑文化必须遵循时空和地域的限制,肯定文化的民族差异性,承认审美活动中的怀旧成分,反对统一的审美时空观和国际大同的文化观念。

但是历史主义的创作观念并不要求人们全方位地进行传统的复兴,也没有把古典式样作为一种完美范式来模仿,而是把"历史"作为人们参考的对象和直觉体验形式。因此,历史主义者的作品表现出既"传统"又"现代"的种种特性:例如用现代建筑材料表现历史文脉;采用变形的古典柱式、断裂山花、拱心石等找回人们失落的情感;在建筑中表现各种历史性主题等。

2.3.1.4 地域主义对景观建筑的影响

当代景观建筑思潮也表现出对地域文化的倾向。其特点是对于西方技术和本地区、本民族文化均采取有选择吸收的态度。在创作中不是刻板地遵循现代建筑的普遍原则和概念,而是立足于本地区,借助当地的环境因素、地理、气候特点,刻意追求具有地域特征与乡土文化特色的建筑风格(图2.18)。他们反对千篇一律的国际式风格,摒弃失去场所感的环境塑造方式,以抵制全球化文明的冲击。他们经常借助地方材料并吸收当地技术来达到自己的目的。

图2.18 具有强烈地域特性的福建民居

2.3.2 文脉主义与景观建筑

2.3.2.1 文脉的概念

"文脉"一词，起初源自于语言学范畴，从字面上解释其意思是指上下文之间的联系。美国人类学家艾尔弗内德·克罗伯和克莱德·克拉柯亨指出"文脉的基本核心是由历史衍生及选择而成的传统观念，尤其是价值观念。文脉体系可被认为是人类活动的产物。"

文脉主义作为哲学、思想的用语不具备独立的含义，只有在文脉中才有意义。在建筑辞典中，文脉主义指"在设计中对场地，或者对其他文脉的一种重视态度"。美国建筑百科全书则将它解释为"当新设计的建筑同历史建筑相邻近、处于历史环境中时，应该考虑与现存的建筑相协调，这就是普通意义上所指的文脉主义。"

建筑领域文脉的概念，首先是由美国建筑师罗伯特·文丘里于 1950 年提出来的，至今已经成为现代建筑、城市规划思潮中的一个基本概念。所谓的建筑文脉就像人的性格一样，是内在的，相对稳定的元素，它取决于一个地方所特有的环境特征、文化基因及价值取向。

对于文脉来讲，历史文脉的发展可以用基因的概念来理解，这种历史文脉的基因从深层看就是景观建筑的场所精神。景观建筑的基因总是在不断的演化和发展中，但却以某种形式把信息保留在形态之中。要把这种信息反映到设计语言上，就要知道怎么来提炼、应用它。当然，要求设计师必须有渊博的知识和丰富的实践经验，要对设计项目的文化历史背景有充分的理解。尤其是在各种风格、潮流充斥的今天，找出能表现当地历史文脉合适的形式语言并非易事。

2.3.2.2 文脉主义景观建筑师

1. 罗伯特·文丘里

美国建筑师罗伯特·文丘里，1950 年毕业于普林斯顿大学研究生院，曾在沙里文的事务所工作，后在耶鲁大学任教，出版了经典著作《建筑的复杂性与矛盾性》（1966 年）、《向拉斯维加斯学习》（1972 年），书中对现代主义建筑进行了批评，并对后来的现代建筑发展产生了很大影响。

从 20 世纪 50 年代开始，美国的建筑界展开了对密斯时代建筑理念的批评，而在这以前，文丘里就认识到国际主义风格倡导者们的观点中潜藏着新古典主义的方法以及反城市的性格，其具有一定的局限性。文丘里以"面对现实"为出发点，在将学院派原理与现代要求相结合方面做出了突出贡献。

《向拉斯维加斯学习》一书问世又为建筑的抽象性带来曙光，而另一方面，他的理念中也时常伴随着对文脉的解释。1970 年，在耶鲁大学数学教学楼设计方案的竞赛中，文丘里的方案获得一等奖。该设计是一个对现存的哥特式建筑的增建规划，在这个方案中，文丘里认为："增建部分不应该和周围建筑形成对立，而应该同周围建筑相协调"，表明了他在设计中同文脉协调的意图。

2. 理查德·迈耶

在现代建筑师中，能够将文脉主义巧妙地通过建筑表现出来的人首当理查德·迈耶（Richard Meier）。迈耶学生时代就读于康奈尔大学，曾专注于对柯布西耶作品进行研究，还曾抱有成为画家、雕塑家的愿望。

迈耶的名字被人们熟知，原因是在纽约与其他四位建筑设计师共同出版了一本五人建筑师作品集《Five Architects》。他们的作品大多表现了柯布西耶早期的住宅作品风格，共同特点是采用白色平滑的墙面来构成建筑空间，这在当时被称为"白色派"。此外在同一时期，罗伯特·斯特恩和查尔斯·摩尔等，将 19 世纪后期具有美国住宅样式特点的"single style"融入到他们的作品之中，他们给那些表现现代主义的建筑师们带来一种新鲜感，因而被称为"灰色派"。

但是，迈耶的设计本质部分并不是"白色"，而是与用地的文脉相符合，反映出他特有的柔润与和谐的变化手法以及含糊性。迈耶根据设计条件，因地制宜，经常使用砖瓦、瓷砖、天然石材等"灰色派"的建筑材料，而且形态上也不仅仅限于直线和长方体，还采取圆弧和曲线等多样的形态要素，部分平面的坐标轴发生旋转使形态产生变形，构成新的形态。可以这样认为，作为建筑设计者的迈耶，他既有柯布西耶那样的设计手法，同时又有他自身独特的设计风格，并将这些手法和风格很好地传承下来应用于他的设计之中（图2.19）。

图2.19 迈耶设计的巴塞罗那现代艺术馆

3. 詹姆斯·斯特林

詹姆斯·斯特林代表了20世纪英国建筑师的风貌。斯特林早期作品Preston集合住宅（1957年）和莱切斯特大学工学部教学楼（1963年）中，表现出一些美国建筑师布鲁特里斯坦所采用的手法，即对传统素材的追求，保持同周边环境的连续性。中期作品如伦康（Runcon）集合住宅（1972年），主要采用了工业化和高科技的设计手法。其文脉主义设计思想主要体现在后来的凯伦美术馆规划方案（1975年）、杜塞尔多夫美术馆（1975年）、斯图加特美术馆（1984年）等设计中。里昂·克里尔认为，对斯特林的作品不能采用"某某派"的方法去解读，因为他的设计中总是体现出各种各样的手法。

4. 阿尔多·罗西

阿尔多·罗西（Aldo Rossi，1931～1997年），1959年毕业于米兰工科大学，曾先后在多所大学任教。他从20世纪60年代末开始从事建筑设计活动，他的设计在美国和日本广为人知。罗西于1966年完成并出版了《城市建筑》一书，该书与文丘里的《建筑的复杂性与矛盾性》一同被认为是对现代主义建筑以后的设计思潮产生了巨大影响的两部著作。

罗西将类型学方法用于建筑学，认为建筑中也划分为种种具有典型性质的类型，它们各自有各自的特征。罗西还提倡相似性的原则，由此扩大到城市范围，就出现了所谓"相似性城市"的主张。在20世纪60年代罗西将现象学的原理和方法用于城市建筑，它的理论和运动被称为"新理性主义"。

2.3.3 当代景观建筑文脉延续的途径与方法

2.3.3.1 当代景观建筑文脉延续的途径

研究文脉传承在当代景观建筑设计中的运用方法，首先要了解当代城市景观建筑文脉传承的途径。通过归纳可将景观建筑文脉延续途径分为以下五个方面。

1. 通过城市历史文化的延续

城市文脉是城市在发展过程中的历史文化积淀，不同的城市会形成特有的地域性文化。现代景观建筑要真正融入到一个城市文脉环境中，就必须结合城市历史文化的发展，在设计手法上对其地域文化特征提炼后进行有效的传承。但前提是，必须保护好城市原有的历史文化，使其不受破坏。没有历史文化的建筑终究会随时代的发展而被淘汰，因此城市历史文化的延续性传承对于城市景观建筑形象的表现有着极其重要的意义。

2. 通过城市空间的连续性延续

在城市空间结构中，不同地段会呈现出不同的历史形态特征。城市就如同一个网络，以各个建筑元素将不同的历史区域网络连接起来，形成一个个丰富的序列空间。在这些空间里以建筑为主体的历史文化环境成为其空间的特征，并以历史脉络成为人们体验城市序列空间的导向，这样不但可以使人们对城市空间获得清晰的认知，还能使人们迅速地识别城市主体形象。这种传承途径有助于城市景观建筑的形成。

3. 通过城市地段的肌理加以延续

城市的肌理是指建筑和建筑之间的公共空间以及局部延伸到建筑内的半公共空间所形成的相互关系，这是城市空间形态的二维反映。城市地段肌理的延续是指在城市历史地段景观建筑设计中，对原有地段肌理特征做一定程度的修复、继承。城市历史地段的肌理大多是很有特色的，延续它们的城市肌理是保持空间形态认同感的重要环节（图2.20）。

图2.20 修复后的济南芙蓉街

4. 通过城市建筑的多样统一性延续

一个城市的景观空间特征不是靠一两个单一的标志性建筑形体来表现，更多的是由大量普通建筑所具有的复杂性、多样性和多元性所决定的。由于城市文脉具有延续和变异的特点，当城市文脉发生变化时，作为城市文化主体之一的景观建筑，同样也会表现出多样化形式。尤其当今丰富的物质生活、多样化的生活方式，使人们对城市审美的要求提高，由此影响人们对城市特色形象的认同。通过城市建筑的多样统一性传承可以丰富城市活力，但其表现形式必须与城市文脉环境保持协调统一，只有这样才能创造出理想的城市环境。

5. 通过城市环境中人的心理继承性延续

生活在城市的居民会随着时间的发展对城市环境形成一种历史记忆，并因此产生依附于特定文脉环境的认同心理。这种认同心理的继承性也是城市现代景观建筑的精神功能的表现。人们对景观建筑的认同心理，与他们的社会生活方式、历史传统积淀所形成的思维定势密切相关。人们会不由自主地在新建筑环境中寻找原有生活方式与环境的影子。这同文脉因素中所包含的历史脉络连续感是相一致的。因此通过城市环境中人的心理继承性来传承文脉，有利于人们与城市景观建筑产生情感共鸣，从而对城市产生归属感。

2.3.3.2 当代景观建筑文脉延续的设计方法

延续当代城市景观建筑文脉的设计方法要符合整合理念，其着眼点是对现成结构的把握、使用和改良，实现功能性与艺术性的统一。具体设计方法主要分为以下四种。

1. 修复

"修复"是针对文物建筑而言，是"修旧如旧"，也就是在修缮过程中必须遵循的原则是保留真实的历史信息。对于重要的历史景观建筑，修复是保留城市记忆的重要方法。

文物建筑是历史信息的载体，对于城市文物建筑和景观来说，它们原有的使用功能在现代社会可能早已失去意义，而它们的生命就在其所含的历史信息。失去了这些信息，它们也就失去了存在的价值。同时，历史信息是不能混淆，更不能复制、伪造的。因此，对城市历史城市文物建筑用"修复"的方式是非常必要的。

2. 调和

调和是指设计对象内各部分追求类似性、连续性和规则性以构成完整的设计手法，常运用于调整历史地段空间形态、对历史地段原有景观的扩建、加建和添加各类设施的过程中。根据新旧元素的主从关系，可以分为两种方式：按历史景观形式调和、按新景观形式调和。其中，按历史景观形式调和，即从地段整体历史氛围的角度出发，立足于原有建筑形态的特点，寻求新景观建筑可能的形态，使地段整体获得统一的视觉效果，同时新元素又采用新的材料、工艺、技术和新的形式，与原有历史景观形成区别，以保持历史信息的可识别性。而按新景观形式调和，即可以看作地段旧建筑、构筑物形式的更新，原有建、构筑物被统一到新建筑的形式中。

3. 对比

对比是把具有明显差异、矛盾和对立的双方安排在一起，使之集中在一个完整的艺术统一体中，形成相辅相成的比照和呼应关系。运用这种手法，有利于充分显示事物的矛盾，突出被表现事物的本质特征，加强被表现形态的艺术效果和感染力。在新景观建筑总体量和总面积明显小于旧景观建筑、分布比较分散且旧景观建筑的历史比较悠久的情况下，选择对比的方式是比较理想的。如上海新天地的改造就是采用对比手法修建起来的（图2.21）。

图2.21　上海新天地的旧楼改造

4. 转化

转化是直接利用原有景观建筑形态，通过变换各种解决问题的方法，转化原构筑物的存在方式，来达到尽可能保留原有的结构和形态的目的。这种手法适用于非文物类的历史地段。非文物类历史地段既不需当作文物古董加以严格保护，又不能推倒重来，因此可采用在保护中求发展，在发展中求创新的理念，运用"转化"手段使地段获得再生。例如 Richard Haag 主持设计的美国西雅图煤气场公园就是利用原有工业遗址所建的富有特色的文化公园（图2.22、图2.23）。

图2.22　美国西雅图煤气场公园（1）

图2.23　美国西雅图煤气场公园（2）

在设计艺术学领域中，当代城市景观建筑文脉的延续是对城市特定场所各种历史信息、分析、归纳整合并且运用专业知识转化到各实体要素中去，同时使之与当代需求相契合。由于这一延续法则是开放、循环且有机的，因此此法则指导下的城市景观建筑是可持续发展的，具有深远的生命力。

2.4 解构主义哲学对景观建筑设计的影响

2.4.1 解构主义与景观建筑

2.4.1.1 解构主义哲学

解构主义 60 年代起缘于法国，由哲学家德里达（Jacque Derride，1930 ~ 2004 年）基于对语言学中的结构主义的批判，提出了"解构主义"的理论。他的核心理论是对于结构本身的反感，认为符号本身已能够反映真实，对于单独个体的研究比对于整体结构的研究更为重要。

就一种形式语言而论，解构主义又是从构成主义中演化而来的，解构主义和构成主义在视觉元素上确有相似之处，两者都强调设计的结构要素的强烈表现。不同的是，构成主义强调的是结构完整性与统一性，认为个体的构件是为总体的结构服务的；而解构主义则认为个体构件本身就是重要的，因而对单个片断的研究比对于结构整体的研究更有意义。解构主义建立在对现代主义正统原则和标准批判地加以继承，运用现代主义的语汇，却颠倒、重构各种既有语汇之间的关系，从逻辑上否定传统的基本设计原则（美学、力学、功能），由此产生新的意义。用分解的观念，强调打碎、叠加、重组，重视个体，部件本身，反对总体统一而创造出支离破碎和不确定感。

2.4.1.2 解构主义哲学对景观建筑设计的影响

解构主义反映在景观建筑作品上，其特点是赋予建筑各种各样的形式内涵，与现代主义建筑追求的秩序、整齐简单划一的形体设计倾向相比，解构主义建筑师常常采用各种散构和分离手法，把习以为常的事物颠倒过来，在他们的作品中，轴线已被转移，均衡、对称的手法亦被肢解，并且通过重叠、扭曲、裂变把整体分解成无数片断，造成多层次的扩散，在冲突与对立中构成奇异的解构空间。例如，解构主义建筑师屈米在设计中采用反对和谐统一的"分离战略"，并指出："在建筑中，这种分离暗指任何时候、任何部位也不能成为一种综合的自我完善的整体；每一部分都引向其他部位，每一个结构都有失均衡，这是由其他结构的踪迹形成的。"在这种思想指引下，他常用片断、叠置的手法，去触发分离的力量，从而使空间的整体感得以消失。当然，解构主义并不是随心所欲的设计，尽管不少的解构主义的建筑貌似零乱，但它们都必须考虑到结构因素的可能性和室内外空间的功能要求。从这个意义上来说，解构主义不过是另一种形式的构成主义。

所以从审美模式方面，如果说现代、后现代、晚期现代建筑所关注的都是审美的"结果"，即读者理解其美学意图后的审美愉悦的话，解构主义建筑师强调的是审美的"过程性"，即"读者"阅读时的审美愉悦，故他们强调的不是文本的"可读性"，而是"可写性"。

解构主义是建筑发展过程中对解构哲学理论的思考和探索，也是对"主流"文化的挑战。解构主义发展对造型语言会产生持续的影响，能进一步扩大景观建筑设计的艺术视野，丰富现代景观建筑设计的形式语言。

2.4.2 解构主义设计的形式语言与表现特征

2.4.2.1 解构主义设计与"反形式"和"反美学"

现代艺术进入 20 世纪之后开始了针对传统秩序的解体过程，大体上在两次世界大战之间形成了普遍观念，广泛地影响了建筑及城市景观设计创作。

景观建筑是一个城市面貌和景观的最为关键的因素之一，其影响力无疑是巨大的，它的存在恰好成为解构主义在设计领域影响的主要对象。不论解构主义还是反构成主义建筑，它们都有其独立的设计语言，它们将各种城市空间元素或城市中的系统甚至是理性的元素符号重新加以组合，进行冲突性的布置、叠加，使空间的内外部产生变形、扭曲、解体、错位、颠倒，造成一种无秩序、不稳定、不和谐的城市景观形象，与传统的形式美法则强调和谐统一，讲究局部服从整体的建筑形象形成鲜明对比，也就是"变形"或"反形式"的城市建筑。显然它们不符合形式美的规律和整体性原则。解构主义正是极力反对这种整体性，它拒绝综合，崇尚分离，主张冲突、破碎，反对和谐统一。

在解构主义"反形式"的作品中，屈米（Bernard Tschumi）设计的巴黎拉·维莱特公园是最具影响力的设计。屈米把它们划分开来进行了独立的、几何形结构的设计，并以此形成了点系统、线系统和面系统，屈米把这三个运动系统相互叠加、相互穿插，构成奇特的建筑形象（图 2.24、图 2.25）。用人们所熟悉的美学概念已经无法解释这些新的审美现象，它与古典美学、机械美学之间有显著不同，这种差异只能用"反美学"这个概念来进行解释。解构和反构成主义建筑是一种以冲突为基础的美，是一种"反"的美学，它消解了过去的形式美观念，用另一种全新的观念来衡量所面临的事物，因而基本脱离了古典美学与机械美学的体系。解构后的建筑形象，特别是形式特征比任何时候都更不像建筑，而是像雕塑、装置艺术或其他形象。

图2.24 屈米（Bernard Tschumi）设计的巴黎拉·维莱特公园（1）

图2.25 屈米（Bernard Tschumi）设计的巴黎拉·维莱特公园（2）

2.4.2.2 解构主义设计的多义性与模糊性

解构主义设计一反西方传统美学和现代建筑美学所体现的明确主题。采用虚构、讽喻式拼贴、象征性手法、滑稽地模仿、在矛盾对立中引进第三者……这些手法使后现代建筑呈现出游弋不定的信息含义、空间构成的模糊性、主题的歧义性和时空线条构筑的随机性。解构主义设计从形态关系出发，探索纯粹几何形态的构成性，以感觉性、自由性的方法创作作品。在具体手法上引入"构"、"动"、"多媒体"等因素，运用冲突、穿插叠合、错位等技法，形成对比极强的、不稳定的视觉形象与构图效果。因此，解构主义的作品在空间处理上既像内又像外，既用抽象构成又使用具体手法，产生了暧昧、含混与虚幻的效果。

解构主义建筑正是由于本身的模糊性和多义性，使得其艺术语言也呈现出纷繁复杂的面貌。吴焕加教授在《建筑与解构》一文中，总结出"解构建筑"一些共同的形象及形式特征：①散乱，形象构成支离破碎，疏松零散，避开轴线和团块状组合，在形状、色彩、比例、尺度等方面的处理上极度自由；②残缺，不求齐全，力避完整，许多局部显得残损缺落，或追求未完成感；③突变，种种元素和各个部分的连接常显突然，不求预示、过渡，却显生硬、牵强，如同偶然相碰；④动势，采用大量倾倒、扭转、弯曲、波浪等富于动态的体形，形成失稳失重如同即将滑动、错移、翻倾。

每种风格的设计手法都有它特定的特质和意义，解构主义设计也是一样。首先在形式语言上做出了独特的探索，对新的审美意识的发现，对传统的价值提出质疑等。作为其积极的一面，其创作倾向在思想方法、艺术特征、美学原则和价值观念等方面，对以往的基本原则及规范提出了质疑，是其形成和存在的前提。其次解构主义建筑师致力于另一个方向的探索，发展了一系列与机遇和偶然性相联系的设计方法。这类探索拓宽了创作视野，表现并强调了具有特殊性或偶然性的事物，丰富了设计手法和语汇，填补了建筑创作技法上的空白。再次解构设计致力于揭示、挖掘、运用以往创作活动中被忽视、被抑制的方面，特别是开拓那些被古典主义、现代主义及后现代主义忽视和抑制的创作可能。因此，可以认为解构理念的重心在于发展和揭示建筑设计中被忽视、被抑制的事物，其实践活动唤醒了一种陌生的审美意识，即对长期以来一直在正统审美概念之外的冲突、破裂、不平衡、错乱、不稳定等形式特征的审美。

2.4.3 解构主义景观建筑设计实践

1. 毕尔巴鄂古根海姆博物馆

由美国建筑师弗兰克·盖里（Frank Gehry）设计，在1997年正式落成启用，它以奇美的造型、特异的结构和崭新的材料博得举世瞩目（图2.26～图2.28）。博物馆选址于城市门户之地——旧城区边缘，一条进入毕市的主要高架通道穿越了基地一角，是从北部进入城市的必经之路。面对如此重要而富于挑战性的地段，盖里给出了一个迄今为止建筑史上最大胆的解答：整个建筑由一群外敷钛金属板的不规则双曲面体组合而成，其形式与人类建筑的既往实践均无关联，超离任何习惯的建筑经验之外。在邻水的北侧，盖里以较长的横向波动的三层展厅来呼应河水的水平流动感及较大的尺度关系。因为北向逆光的原因，建筑的主立面终日将处于阴影中，盖里聪明地将建筑表皮处理成向各个方向弯曲的双曲面，这样随着日光入射角的变化，建筑的各个表面都会产生不断变动的光影效果，避免了大尺度建筑在北向的沉闷感。在南侧主入口处，由于与19世纪的旧区建筑只有一街之隔，故采取打碎建筑体量、用小

图2.26 用打碎建筑体量、以小尺度的方法与街道协调

尺度的方法与之协调。盖里还为解决高架桥与其下的博物馆建筑冲突的问题，将建筑穿越高架路的下部，并在桥的另一端设计了一座高塔，使建筑对高架桥形成抱揽、涵纳之势，进而与城市融为一体。

图2.27　以钛金属板组合成的不规则双曲面体在阳光下不断产生魔幻变动的光影效果

图2.28　古根海姆博物馆以奇美的造型、特异的结构和崭新的材料博得举世瞩目

2. 柏林犹太人博物馆

音乐家出身的美国建筑师丹尼尔·里伯斯金（Daniel Libeskind）被认为是解构主义建筑师的一位主将。他的设计理念一开始就给予人们一种离经叛道的感觉，他的那些碎片状的线形形态，本身就具有很强的视觉冲击力。1989年他独具匠心的设计方案获得犹太人博物馆的国际设计竞赛头等奖。"之"字形折线平面贯穿其中，用尖锐、冷酷的三角形和长条错乱线的重新构成，来表现里伯斯金的"虚空"这一重要概念，也就表现一个阴冷、不能踏进、只能窥看的竖向虚无空间。里伯斯金把柏林的犹太名人的地址在柏林的地图上标出并把它们连接起来，编织成一种图形的肌理，并将这图形转化为窗户的形状（图2.29 ~ 图2.31）。这样，里伯斯金就"将柏林犹太人历史上的一些作家、作曲家、画家和诗人联系在一个非理性的阵列中，把博物馆的外墙面变成柏林犹太人历史的缩影。"使博物馆在空间上也有了与历史的呼应，从而唤醒起人们的记忆，唤醒起那段纳粹对于犹太人血腥杀戮的历史。

图2.29　里伯斯金设计的"之"字形柏林犹太人博物馆

图2.30 用尖锐、冷酷的三角形和长条错乱线构成的建筑形态　　　图2.31 光的渗透使竖向虚无空间神秘莫测

3.德国维特拉工厂消防站

扎哈·哈迪德（Zaha Hadid）是当今国际最顶尖的女性建筑师，被称为建筑界的"解构主义大师"，以一贯的开创性作品著称。哈迪德在伦敦建筑联盟（AA）学习期间，开始接触到俄国先锋艺术派马列维奇的至上主义（Suprematism）的影响，并从中汲取灵感形成了属于自己的、个性强烈的建筑语言。

维特拉消防站是哈迪德的第一个建成作品，强烈的超现实主义风格使之在没有建成前就备受瞩目。建筑是由一系列三角形的、楔形的线性板片集聚、交叉与叠合而成的。板片之间既相互冲突又都向叠合的锐角顶点聚合、流动，使建筑具有强烈的运动态势。尤其入口处的雨棚更是整个形式构图的焦点，锐利的尖角像一把飞刀向天空斜向刺出。雨棚悬挑的距离长达12m，投射在墙面上的阴影随时间的流逝不断变幻，与纤细、交错的钢管束柱和尖锐的钢筋混凝土板构成一幅动感强烈、视觉冲击力极强的抽象画。在这个作品中哈迪德几乎没有设置一道垂直的墙面，她把建筑构件偏离了水平与垂直相度，以倾斜的方式对峙在一起，创造出了仿佛脱离了重力控制的、运动感强烈的建筑形象（图2.32）。

图2.32 扎哈·哈迪德设计的德国维特拉工厂消防站

2.5　现代新技术引领的景观建筑

2.5.1　新技术、新材料与现代景观建筑

2.5.1.1　技术美学引领下的现代景观建筑

技术美学主要是指流行于景观建筑领域的"技术主义美学"倾向，它主要包含三个方面的内容，即"技术精美的表层肌理"、"机器主义与工业美学"、"技术主义景观建筑"。其中"技术精美的表层肌理"是指那些通过使用工业化、高技术化的材料，强调建筑表层肌理以表现现代化、高技术化的技术主义美学倾向，这是一种材质上的、纯粹表面形式化的一种技术主义美学倾向；"机器主义与工业美学"是指那些热衷于机器美学，留恋工业化形象，大量使用工业材料，如金属、玻璃、零部件等表现机器化、工业化形象的技术主义美学倾向，这是一种形体和质地上的技术主义美学倾向；"技术主义景观建筑"是指那些通过使用纯粹技术化的手段和方式创造出来的具有高技术化倾向的景观建筑。所以，技术美学引领下的景观建筑不仅在建筑中采用新技术，而且将高科技的结构、材料、设备作为建筑表现其自身美的元素。比较典型的代表作品如波特曼（J.Portman）利用建筑光亮的外表、共享空间和景观电梯创造了迷人的动态景观效果。皮阿诺（R.Piano）、罗杰斯（R.Rogers）以及福斯特（N.Foster）等利用套筒拼接技术和巨大的钢桁架，塑造了蓬皮杜文化艺术中心和香港汇丰银行等新颖的建筑形象（图2.33、图2.34）。

图2.33　皮阿诺、罗杰斯设计的蓬皮杜文化艺术中心

图2.34　福斯特（N.Foster）设计的香港汇丰银行

"三碟出水"是由著名法国建筑师格鲁伯·穆迪派克（Groupe Multipack）设计完成的，具有显著技术美学特征的景观建筑作品，该建筑建在瑞士的 Neuchatel 湖上，由岸上一直延伸到水中。建筑师使用膨胀的塑性材料

图2.35 格鲁伯·穆迪派克设计的"三碟出水"

建造的三个巨大的如同阳伞一样的天棚覆盖了下面的展览建筑，这种非欧几里得几何式样的建筑有意唤起人们对生长在水面上莲花的想象，纤细而高直的钢支柱被十字交叉的钢丝绳拉紧，一座浮桥直通向水中的建筑，在水中建筑的周围布置了众多的人造"发光芦苇"，在夜晚无数光点在风中摇曳异常壮观（图2.35）。

2002年在荷兰世界博览会上由建筑师卡斯·奥斯特修斯（Kas Oosterhuis）设计的精致的小型景观建筑作品被称做"WEB"。它是使用计算机设计出来的最轻的结构，其内部骨架为一种三角形的栅格平面网架，在每个三角形的栅格之间，填充一块银色的三角形铝板作为外维护结构，三角形金属铝板每一块的尺寸、厚度都是不同的，是非标准的构件，而整个项目的设计与加工过程中，没有出现过二维的图纸，全部由计算机上的三维模型直接过渡到机器的加工生产上。此外由于它采用了透明的坐标系统，非常有利于以后的拆运与安装。整件作品的金属外层闪闪发光，如同一艘外星飞船在此着陆，表现出浓烈的技术主义色彩（图2.36、图2.37）。

图2.36 卡斯·奥斯特修斯设计的荷兰世博会景观建筑（1）

图2.37 卡斯、奥斯特修斯设计的荷兰世博会景观建筑（2）

2.5.1.2 新材料在现代景观建筑中的应用

现代科技的不断进步使现代化的材料在全球范围内得到日益广泛、迅速的应用，在现代景观建筑中也是如此。新材料的应用给景观建筑带来了新颖的形式和崭新的视觉效果，通过选择新颖的建筑或装饰材料，使景观建筑形式的设计有了新的元素。不但如此，还能使人们与通过高科技创造出来的景观意象进行全方位的情感交流。

正确地应用材料是景观建筑设计工作中的核心，因为景观建筑的最终效果是通过材料来实现的。在景观建筑材料的使用中应该注意两方面的问题，即适用性和实用性。适用性即适合使用，适合于项目性质、适合于美学价值的体现以及适合于施工。在最初的设计中应该特别注意材料来源和特殊纹理的选择，因为不同质感的材料给人以不同的触感、联想感受和审美情趣。例如花岗岩坚硬沉重、厚重稳定；大理石纹理自然、光泽柔润；木材色泽美观、朴素无华（图 2.38）。只有熟悉材料的性质与纹理特征，才能在施工中恰到好处地运用镶嵌、排列、并置等构成方法，形成富有特点的细部表面层次。同时，必须熟悉材料的加工方式与施工特点，以保证今后的施工简便易行。实用性即实际使用价值，景观建筑是在季节和时间流逝中作为自然持久的作品而存在，由于它的放置和使用始终处在暴露而严酷的户外条件之下，因此材料的选择不仅要有美学上的价值，更需要具有实际使用的价值，即在当地气候条件下能保持耐久性，以及方便今后的清洁与维修。

正确地使用材料源自于设计师对材料的认识。材料本身成分有着内部与外部变化，例如混凝土、金属或塑料的氧化、侵蚀和化学不稳定性；昆虫或人为的袭击造成损坏；材料的收缩造成的尺寸改变。只有充

图2.38 以木材为媒介表现建筑的新颖形式和崭新的视觉效果

分了解材料的特性，才能在今后的施工中对材料进行科学的加工处理，才能恰当地将自然与合成材料并置、结合和使用。

2.5.2 现代景观建筑设计新理念

2.5.2.1 数字化技术设计

数字化无疑是这个时代的突出特征，正如尼古拉斯·内格罗蓬特（Nicholas Negroponte）所说的："计算机不再只和计算有关，它决定我们的生存。"数字化不仅仅改变了我们的生活方式、工作方式和交往模式，还带来了崭新的认知模式和思维方式。同样，数字化技术的发展也为景观建筑带来了全新的创作理念和工作方法，促生了崭新的建筑形式和空间形态。

美国建筑师弗兰克·盖里在 1992 年设计的"巴塞罗那的鱼"建筑方案便使用数字技术来解决复杂的几何问题（图 2.39），而他在 1997 年设计的西班牙毕尔巴鄂古根海姆博物馆被视为数字建筑的里程碑。盖里利用数字技术深入研究了关于"倾斜的几何"、"扭曲"甚至"剥皮"等建筑课题，这样的研究催生了日后的迪士尼音乐厅、西雅图流行音乐中心等作品（图 2.40、图 2.41）。数字技术把以往人们认为不可能完成的形体实现在真实世界里，成为了当代建筑设计思潮中重要的具有突破性的观点，是对设计师思维的大解放。

图2.39 弗兰克·盖里在1992年设计的"巴塞罗那的鱼"

图2.40 弗兰克·盖里设计的迪士尼音乐厅　　　　　　　　图2.41 弗兰克·盖里设计的西雅图流行音乐中心

近年来，在英国建筑师扎哈·哈迪德（Zaha Hadid）等先锋派建筑师的作品中经常出现非笛卡儿体系的复杂曲线和曲面，作品大都形态复杂，在设计概念和方法上与传统建筑或现代建筑极为不同。许多建筑评论家认为这些前卫的建筑是数字化革命的直接结果，这种崭新的建筑语言是以新兴的数字化技术为基础的。如在英国新民事法院设计中，哈迪德就是利用计算机造型软件塑造出了复杂而混沌的建筑形体与空间，动感、连续的表皮将墙面和屋顶自然地连接成一个整体，形成了连续、流动的建筑外观（图2.42、图2.43）。

图2.42 扎哈·哈迪德设计的英国新民事法院　　　　　　图2.43 用计算机造型软件设计的复杂而混沌的建筑形体

在当代景观建筑设计中，借助于数字技术和模拟软件，便可以针对数字模型作出评估。这类实践不仅方便对数字的表述、认知，数字演示更为情境化，还可以增强设计师针对复杂形体建模和分析的能力，以及建立同专业伙伴、承包商及制造商的数字信息交流平台。当代的数字化设计流程是为基于理念的设计方案预留了表述的空间，而不是将从业者纳入技术主导的设计轨道。

2.5.2.2 非线性建筑风格

非线性科学主要以非平衡、不规则、不可逆和不确定等复杂现象和系统为研究对象，研究的是众多非线性现象的共性问题。非线性科学引发当代建筑师的关注和思考，并催生出时代建筑风格。美国著名建筑评论家查尔斯·詹克斯（Charles Jencks）认为，"现代社会认为宇宙是遵循可由物理学家和数学家描述的直线而规整地发展的。现代科学试图将所有的现象认为是本质上的线性有序行为的变量。然而，最近的 20 年，一种相反的假设产生了，这一假设认为宇宙的绝大部分是非线性的。如果假设是正确的，那么，建筑就一定要反映它。"

当非线性概念随着非线性科学的出现而产生的时候，与之相呼应的形式感、空间观念被逐渐导入建筑设计，进而成为时代风尚。当代许多具有非线性风格的建筑一改笛卡尔方格网式风格的严谨面孔，呈现出不同于现代线性建筑风格的理性美，具有独特的审美情趣和价值，虽显得新奇，却契合人们的时代审美期盼。这表明反映当代世界观的非线性建筑风格激发起了时代审美情趣，并引发了广泛的共鸣，也意味着非线性建筑风格的时代到来。

著名建筑师哈迪德认为建筑就是一个非线性的复杂系统，不同的使用者、不同的审美观、不同的环境要素等等会在系统内部滋生不确定的随机性，使建筑始终处于一种混沌的复杂状态。哈迪德将简单与复杂统一于建筑之中，在创作中她充分利用简洁形式之间的非线性组合，创造出复杂的建筑形象和空间，描述、再现了一个复杂、开放和非线性的客观世界。例如，在辛辛那提当代艺术博物馆的设计中，哈迪德把一系列长方体以非线性的方式拼合在一起，形成了复杂的组织关系，从而阐述了复杂性的主题。她将不同尺度、不同材质的长方体以看似无序的方式随意地安插在一个空间母体之上，使建筑具有了多层次的丰富表情，产生了蕴含多种可能性的复杂，体现了建筑与城市、整体与片段、混沌与秩序的同构（图2.44、图2.45）。

图2.44　辛辛那提当代艺术博物馆（1）　　　　　　　图2.45　辛辛那提当代艺术博物馆（2）

上海世博会被誉为"藤条篮子"的西班牙馆，其建筑外皮是藤条缠绕而成的板状装饰，呈鱼鳞状排列，并被率性地固定在波浪形钢结构支架上，斑驳而混沌的建筑表皮，复杂而不规则的建筑形体，给人以生机勃发的美感（图 2.46、图 2.47）。其中，无序和失衡等属于非线性因素。科学家弗里德里西·克拉默（Friedrich Cramer）发现，凡是有序性正面临威胁的地方，美看起来似乎更为吸引人和真切。由此，西班牙展馆予人美感的成因在于非线性因素，将有序、平衡推向无序、失衡的边缘，又戛然而止，形成了强烈的冲突，从而催生出复杂而混沌的形态。与其他建筑形态相比，这种混沌的建筑形态，与人类思维相似程度更高，因而更易于引起人们感性意识的共鸣，激发起人们真切而情趣盎然的美感。

当代非线性科学引领时代世界观的变迁，引发建筑师创作理念的变革，催生了时代非线性建筑风格。蕴含于建筑中的非线性因素，将当代景观建筑推向无常、失序和失衡的边缘，进而激发出建筑的活力。

2.5.2.3　反常态设计

当代景观建筑设计由于数字化技术的参与促使建筑形态产生根本性的转移。前卫的建筑师们经过不断地创新和突破经典的禁锢，探索出了反常态的景观建筑设计。追求新意是人类的自然本性，而延伸出的反常态的设计思维方式是一种必然反映。

图2.46　上海世博会西班牙馆

图2.47　斑驳而混沌的建筑表皮，复杂而不规则的建筑形体，予人以生机勃发的美感

反常态设计是相对于常态设计而言的。常态的设计操作不外乎体块的推敲，虚实的处理，符合主从、均衡、韵律等经典的美学原则。把反常态的思维运用到设计实践中，设计出与众不同的作品，首先必须熟悉和掌握常态的造型方式、设计策略、技术状况等。反常态的设计往往来自于常态，而又颠覆于常态。

当代景观建筑表现出扭曲、斜置、破碎、冲突等美学效果，它所追求的是反常态与反逻辑的思想观念，借常态的元素，表达非常态的内涵。现代高科技材料，如各种金属板材，具有易弯曲的特性，可以加工成各种形状的曲面或异形平面，正好符合反常态对于扭曲、变形的美学追求。各种金属构件的轻巧灵活性，使之可以任意变换位置，达到斜置的美学效果。柔性材料（如格栅、网状物、织物、透明玻璃）与硬性材料（如钢筋混凝土）的硬性搭接与碰撞，能达到冲突、紧张的表现目的，其设计用钢筋混凝土核心体、弯曲的金属板外墙、游离的金属构架、倾斜的钢索，以及玻璃的不规则组合，呈现出一种破损、扭曲与冲突的美学效应，取代了和谐完美的原有建筑形象。习以为常之物，不会引起感官的关注，人们只会对那些在视觉中产生错乱的反常态部分产生反应，并把它从逻辑背景中区别出来。

格式塔心理学的研究成果表明，较复杂、破损、扭曲的图形，具有更大的刺激性和吸引力，它可以唤起人们更大的好奇心。当人们注视由于省略而造成的残缺或通过扭曲而造成的偏离规则形式的图形时，就会导致审美心理的紧张注意力高度集中，潜力得到充分发挥，从而产生一系列创造性的知觉活动。反常态的景观建筑设计理念正是根据人们视觉心理的这一特性，利用材料的变化组合和体量的残缺，表达了冲突、破碎、扭曲的不和谐美，是当代社会的写照。荷兰鹿特丹的树形住宅是反常态设计的优秀案例，建筑顶部立方体的斜置，颠覆了人们传统的建筑概念，带给人耳目一新的愉悦感受（图2.48）。

突破传统，打破范式，任何的创造都源于思想先行。"青出于蓝，而胜于蓝"，反常态的景观建筑设计包含着智慧与创造力、想象与可能性、情趣与时尚。建筑师想要有所创新，有所突破，作一些反常态的设计不失为一条尝试的途径。

图2.48　荷兰鹿特丹的树形住宅

2.5.2.4　塑性流动

对建筑流动性的追求表现在上个世纪初，几乎与现代主义建筑的探索同时发生，像高

迪的巴特罗公寓和米拉公寓（图2.49）、斯坦恩的巴塞尔学校以及门德尔松的爱因斯坦天文台等都表现出建筑的流动性（图2.50），但这一探索并未随着现代主义运动的发展成为20世纪建筑的主流，这是因为现代主义建筑适应了时代变革的要求，具备了广泛发展的工业化技术基础，而流动性的实现却步履艰难。但是，对建筑流动形态的追求从未停止，柯布西耶的朗香教堂、伍重的悉尼歌剧院、沙里宁的纽约环球公司候机楼以及丹下健三的东京代代木体育馆等都代表了战后对建筑流动性的持续发展。

图2.49　高迪设计的米拉公寓

图2.50　门德尔松设计的爱因斯坦天文台

随着模糊理论、混沌学和耗散结构等非线性科学的兴起，以及数字化技术在建筑领域的运用和普及，现代景观建筑呈现出了流体般的、动态的、多维的自由形态。这类设计可以用不规则、非标准、柔软的、自由的、随机的、动态的等词汇来形容，具有更强烈的流动性，以流体般的塑性形态消解了传统的立面概念。以往建筑中的正立面、侧立面、背立面，甚至顶面都被整合成了一个巨大的曲面，或是由无数个相似的小曲面构成的复合曲面，哈迪德设计的香奈儿流动艺术展览馆就是典型案例。在这个平滑的曲面上已经没有以往建筑用比例或尺度来衡量的各种元素——没有直立的墙和矩形的窗，没有虚实关系，也没有体块的凸凹所产生的阴影，就连结构也被包容进这曲线连绵的有机组织之中。设计强调的是各部分连接的平滑性和不可分割的整体性，如同自然景观或生物机体般的特征（图2.51）。传统建筑的主次关系、等级秩序也被无数带有差异的相似性重复所代替。当观者把自己飘忽不定的视线集中在这里或者是那里时，就产生了把无数画面组织起来的连续的、非固定的建筑形式。如格莱格·林的胚胎住宅、FOA的日本横滨港国际候船室、联合网络工作室（UN Studio）的斯图加特奔驰博物馆、NOX的音效房屋等。

随着当代非线性理论的深入研究，强烈的流动感和连续性将是景观建筑师们不断尝试和探索的主题，2010年上海世博会建筑更是这种流动性艺术的展示舞台。奥地利馆的外观流畅而抽象，1000万块六角形的红白瓷片拼成其流线型的外墙，你可以把它想象成一把平躺着的吉他，印证着其音乐之乡的身份。从空中俯瞰，它又仿佛是一个汉字楷书的"人"——由两个相互支撑的笔画组成，好似一扇敞开的大门，引领参观者步入奥地利馆；它所投射出的影子，便是奥地利国名首字母"A"。馆中绝大部分墙壁也是呈弧形和折线形，除了厕所，没有一堵墙是传统的直立且直角的，这种奇特的造型隐喻着"音乐是流动的建筑"（图2.52）。

如果说现代主义由于有工业化技术作为基础而代表了20世纪的工业社会成为主流建筑方向，那么这种流动性的建筑有数字化技术作为基础，它将代表21世纪的信息社会成为新世纪的建筑主流。

图2.51 哈迪德设计的香奈儿流动艺术展览馆

图2.52 上海世博会奥地利馆

2.5.2.5 仿生设计

自古以来，自然界就是人类各种科学技术原理及重大发明的源泉。生物界有着种类繁多的动植物及物质存在，它们在漫长的进化过程中，为了求得生存与发展，逐渐具备了适应自然界变化的本领。人类生活在自然界中，与周围的生物作"邻居"，这些生物各种各样的奇异本领，吸引着人们去想象和模仿。人类运用其观察、思维和设计能力，开始了对生物的模仿，并通过创造性的劳动，制造出简单的工具，增强了自己与自然界斗争的本领和能力。

随着人们对现代景观设计的深入认识和更高追求，强调生态环境系统下的景观设计变得尤为重要，也成为设计的主导思想和切入点。建筑形态要素是现代环境景观设计的不可或缺的组成，但是目前存在的普遍问题是我们所设计的景观建筑在很大程度上与城市当中的一般商业化建筑没有太大区别，只是一种具有功能的造型空间，常常以一种生硬的姿态存在于环境之中。而仿生设计思路下所产生的建筑形态却可以与环境直接的交流对话，能够很好地与自然融合。所以，景观建筑形式中仿生最为常见，它不仅可以取得新颖的造型，在结构体系上也能创造出非凡的效果。

图2.53 墨西哥建筑师Javier Senosiain设计的鲸鱼住宅

建筑形式的仿生是创新的一种有效方法，它是通过研究生物千姿百态的规律后而探讨在建筑上应用的可能性，这不仅要使功能、结构与新形式有机融合，而且还应是超越模仿而升华为创造的一种过程。例如，墨西哥建筑师Javier Senosiain设计的鲸鱼住宅就是模仿鲸鱼形状的景观建筑，由于形状应用了仿生形态，这栋建筑从内到外看起来都是接近大自然的（图2.53）。

但要注意的是，仿生景观建筑绝不是在外形上进行简单的模拟，更重要的是要从形式中提炼出符号和语汇来表现形态和设计理念。成功的仿生设计，是拥有各种精炼的符号语言，具备仿生基因的景观建筑，这种设计手法将为景观建筑形态多元化发展提供新的设计语汇。

本 章 小 结

景观建筑是艺术与技术的结合体，其形态意象是根据所处环境的气候、地理、水文等自然条件和当时的人文氛围（历史、民俗、文脉）而形成的。如何更多地发挥景观建筑及其外部空间的生态交流特性、资源的再利用能力；增进建筑与外部空间设计的完整性与动态交互联系；提升城市空间的活力；重视社区尺度下的景观与建筑空间设计的有机融合是景观建筑设计的永恒主题。学习中加强对设计动态前沿及设计手法的深入了解，将有益于认识当今建筑界的复杂状况，并对纷乱各异的风格流派能从实质上把握，有助于建筑创作的实践活动。

思考题与习题

1. 什么是人性化设计？人性化设计有什么特点？

2. 现代景观建筑生态设计的原则和设计方法有哪些？

3. 怎样理解景观建筑的本土化？

4. 当代景观建筑文脉延续的途径与方法有哪些？

5. 怎样理解解构主义设计的形式语言与表现特征？

6. 当代景观建筑新理念有哪些？并简述各设计理念的特点。

设计任务指导书

1. 设计题目：空间形态体验

2. 作业目的

（1）通过学习和具体操作，了解并掌握设计的基本原则与具体造型手法。

（2）通过一定量的实例赏析和作业练习，初步建立并逐步提高学生的审美能力（包括对造型的感受能力和把握能力）、动手能力乃至创作能力。

（3）进一步理解并逐步掌握一般形式美的基本法则，并能运用到具体的作业训练中。

（4）学习并初步掌握作品制作的基本方法与技巧。

3. 作业要求

（1）作品应符合构成原则与手法，并遵循一般形式美的基本法则。

（2）作品所用的材料不限，但应充分体现所用元素及材料的性格特点。

（3）尺寸不宜大于 40cm×40cm×50cm（厚）。作品总高度不超过 50cm，颜色不多于两种。

（4）应对作品构思进行必要的分析说明。

4. 学时进度

第一～二次课：分组布置题目，开始正式作业的构思，要求完成方案构思草模，通过分析比较确定发展方案。

第三～四次课：进一步深入修改完善方案，并完成正式模型的制作。

第五～六次课：制作多媒体课件，由各小组组长代表讲解，并进行互评。

参 考 文 献

［1］周浩明，张晓东．生态建筑：面向未来的建筑［M］．南京：东南大学出版社，2002．

［2］埃比尼泽·霍华德．明日的田园城市［M］．金经元译．北京：商务印书馆，2010．

［3］马辉．景观建筑设计理念与应用［M］．北京：中国水利水电出版社，2010．

［4］过伟敏，史明．城市景观形象的视觉设计［M］．南京：东南大学出版社，2005．

［5］秋元磐．现代建筑文脉主义［M］．周博译．大连：大连理工大学出版社，2010．

［6］王胜永．景观建筑［M］．北京：化学工业出版社，2009．

［7］马克辛，李科．现代园林景观设计［M］．北京：高等教育出版社，2008．

［8］彼得·绍拉帕耶．当代建筑与数字化设计［M］．吴晓虞译．北京：中国建筑工业出版社，2007．

［9］刘松茯，李静薇．扎哈·哈迪德［M］．北京：中国建筑工业出版社，2008．

［10］谭瑛．隐构·同构·异构：城市景观建筑形式的环境性表达［J］．建筑与文化，2009（11）．

［11］曹冰．中国景观建筑的民族性、时代性、社会性和地域性［J］．林业科技情报，2008（04）．

［12］黄昱，王竹．人性化建筑设计的多维解析［J］．建筑，2006（02）．

［13］陈传峰，唐晓棠．中国现时景观建筑情形［J］．中国林副特产，2005（02）．

［14］余菲菲．简谈中国景观建筑的发展现状［J］．中国西部科技，2007（10）．

［15］李宇．反常态：一种另辟蹊径的设计运作［J］．世界建筑，2007（06）．

［16］黄印武．瑞士2002年国家世博会四大主题建筑［J］．室内设计与装修，2002（11）．

［17］胡小祎．地标景观建筑设计中城市文脉传承的运用方法研究［D］．武汉：武汉理工大学硕士论文，2009．

［18］李波．当代西方景观建筑美学研究［D］．天津：天津大学硕士论文，2004．

［19］杨义芬，沈守云．当代景观建筑设计思潮之解构主义［J］．山西建筑，2007（10）．

［20］税渝．现实需求矛盾下景观建筑的真实表达［D］．重庆：重庆大学硕士论文，2009．

［21］闫明．建筑和景观设计中"多义"现象的探讨［D］．北京：北京林业大学硕士论文，2008．

［22］http：//www.archgo.com/．

［23］http：//www.quzhimin.com/article/．

第3章
现代景观建筑空间构成

● **学习目标**

1.通过本章学习，使学生了解现代景观建筑设计的主要内容与设计原则，了解现代景观建筑设计的一般流程。

2.掌握现代景观建筑设计视觉元素及形式美法则，理解景观建筑是如何通过美的规律塑造视觉形象的，并将这些规律应用于造型艺术当中。

3.空间是景观建筑设计表达的主体，景观建筑的空间构成是多种因素的综合结果。只有深入研究空间构成的多种因素，才能设计出更美好的景观建筑作品。

● **学习重点和建议**

1.掌握现代景观建筑设计的主要内容及形式美法则，加深对设计美学的理解。

2.本章重点学习现代景观建筑空间的构成、空间的界定以及构成手法分析。通过本章学习使学生学会运用空间语言来分析研究设计过程。

3.建议本章12学时。

3.1 现代景观建筑设计的主要内容与原则

3.1.1 现代景观建筑的主要内容与设计原则

3.1.1.1 现代景观建筑设计的内容

对"景观"通常的观点是："景观是指一定地域内山水地貌、植物动物、人工建筑以及自然现象和人文现象所形成的可供人们欣赏的景象"。我们可以将景观理解为由自然景观、人工景观以及人文景观三个部分组成的整体，三者有机结合构成了完整的景观系统。

现代景观建筑作为形成景观环境的重要因素之一，是一种独具特色的建筑类型。它比起景观中其他因素，如山、水、植物等较少受到自然条件的制约，是塑造优美景观环境的各种手段中运用最为灵活也是最为积极的手段，它在功能上既要满足景观的使用要求，又要与所处景观环境密切结合、融为一体。

创造空间是现代景观建筑设计的根本目的。从项目接手到用地规划、方案设计及深化的全过程中，理清各使用区之间的功能关系和环境关系的基本宗旨和目的就是营造一个适宜的环境空间。在这个过程中，主要解决空间的特定形状、大小、构成材料、色彩及质感等构成因素之间的组合关系，综合表达空间的质量和功能作用。因此，在进行现代景观建筑空间设计时，既要考虑景观建筑本身的特征和质量要求，又要注意景观建筑与整体环境的其他各空间之间的关系处理。在具体的规划设计中应加强研究，认真分析，强调和突出景观建筑的自身特点，以强化现代景观建筑的景观品质和环境效果。

1. 构思与立意

景观建筑与其他建筑一样在设计前期首先要有好的构思和立意，这既关系到设计的目的，又是在设计过程中采用何种组景、构图手法的依据，所谓"造园之始，意在笔先"。随着社会的发展，创造和创新是设计领域永恒的主题，因此，立意是景观建筑设计构思过程中的灵魂。这要求景观建筑师除了掌握本专业领域的知识，如有关建筑的功能布局、建筑的结构构造、建筑的材料与连接等，还应注意诸如文学、美术及音乐等方面知识的积累，这些知识会潜移默化地对设计者的艺术观和审美观的形成起作用，提高作品的内涵与素养。另外，平时要善于思考，学会评价和分析好的设计，从中汲取有益的东西。好的作品都是具有一定特色的，设计师要善于发现其特色，这些作品之所以能具有生命力和闪亮点的真正原因，而不是一味地照抄照搬，因为在一定意境中的景观建筑才具有活力。

2. 相地与选址

"相地合宜，构园得体"。用地环境选择得合适，施工用料方案得法，才能为景观建筑具体组景，创造优美的自然与人工景色提供前提。

基地分析是景观用地规划和方案设计中的重要内容，包括基地自身条件（地形、日照、小气候）、视线条件（基地内外景观的利用、视线和视廊）和交通状况（人流方向、度）等现状内容。这些内容是景观建筑设计中的无价之宝。在进行景观建筑设计前对基地条件进行分析，并考虑能利用的因素，不论是从经济上还是从景观建筑设计构思的完整性上，都是十分必要的。

在现代景观建筑的相地与选址中应充分利用和保护自然环境，既尊重大的环境，也要注意基址小的环境因素，因地制宜，提倡"自成天然之趣，不烦人事之工"的设计思想。

3. 布局与组合

景观建筑设计的空间布局分为依山而建、依水而建及平地而建的景观建筑。

（1）依山而建的景观建筑。依山而建的景观建筑通常在自然山岭的基础上进行重点加工，以建筑、山石、植物交错来分隔空间，建筑部分可随地形的变化而变化，使主体建筑更加突出而富山庄情趣。依山而建的建筑，在造型设计上可大可小，既可作为观赏景物的视点，也可作为景观序列的高潮，因此景观建筑的造型要求精美、有新意、能突出主题（图3.1）。

（2）依水而建的景观建筑。一般而言，依水而建的景观建筑立面向水面敞开，而且在构图上建筑尽可能地贴近水面，由于水体的特殊性，临水建筑形象一般均小巧玲珑、丰富多变，造型也各不相同（图3.2）。

图3.1　安藤忠雄设计的六甲集合住宅

图3.2　穆尔河岛上的水上剧场

（3）平地而建的景观建筑。作为环境中的一种标志和点缀，平地而建的景观建筑造型相当别致，而且与周围环境浑然一体，突出建筑的色彩、纹理、质感、细部处理等。利用建筑的结构与构造特点吸引人的目光，可以起到画龙点睛的作用（图3.3）。

现代景观建筑设计的空间组合更是内容丰富。在景观建筑设计中，不论规模的大小，为增加空间的层次感、景深和丰富的景观效果，往往把规划设计成多个不同功能特色的空间集合，形成一个流动的空间，营造出传统意义上的"景因人异，景随人动"的空间景象。不同空间类型组成有机整体，构成丰富的连续景观，也就是通常意义上所讲的景观的动态序列。现代景观建筑在这一空间的组织过程中具有起承转合的作用，抑或划分界线，抑或引导指向，从这点来说，在景观的空间组织中建筑所起的组织作用是其他要素不可取代的。

图3.3　朱锫事务所设计的数字北京大厦

3.1.1.2　现代景观建筑设计的原则

现代景观建筑设计要根据具体情况具体分析，但总的说来，应具有以下基本原则。

1."以人为本"的根本出发点

建筑为人所造，供人所用，"以人为本"应该是设计的根本出发点。景观建筑设计的目的就是要创造人们所需要的内部空间，设计中应该始终把人对空间环境的需求，包括物质和精神两个方面，放在首要的位置上。

建筑空间要满足人的生理、心理需要；综合处理人与人之间、人与环境之间的各种关系；解决使用功能、舒适美观、环境气氛等各种问题，这一切都与人们的行为心理和视觉感受密切相关，需要我们进行深入的研究。

2. 功能与形式的对话

内容与形式这一对哲学范畴是辩证统一的关系，在建筑领域里，建筑的内容表现为物质功能和精神功能内在要素的总和，建筑的形式则是指建筑内容的存在方式或结构方式，也就是某一类功能及结构、材料等所外化的共性特征。在进行景观建筑设计时，应充分注意功能与形式的协调。如果设计时首先从功能方面入手，需要同时考虑建筑的形式或形象，以便在满足功能要求的情况下，创造出多样化的建筑形象来；如果设计首先从形式入手，也要自觉顾及功能的要求，不能只注重美观而忽视其实用性。

3. 满足结构的合理性

无论景观建筑以满足物质使用功能要求也好，还是满足精神审美要求也好，欲实现这些要求，必须有必要的物质技术手段来保证，这个手段便是建筑空间的结构形式，建筑物要在自然界中得以"生存"，首先要依赖于结构。建筑的三要素"适用、坚固、美观"中的坚固就是指结构的牢固性，美国建筑师 E·沙里宁（Eero Saarinen）更将这个要素明确为"功能、结构和美"。

建筑是技术与艺术的结合，技术是把建筑构思、意念转变为现实的重要手段。建筑技术包括结构、材料、设备、施工技术等多方面因素，其中结构与空间的关系最为密切。从上古时期的掩体建筑到木骨泥墙或石块堆砌的房子，再到砖瓦、木构混合建筑，以及广泛运用钢筋混凝土结构以后的灵活空间，各种空间的覆盖与分隔都有赖于结构工程技术的发展才得以实现。没有结构技术的保障，既实用又美观的建筑空间只能是一种空想（图 3.4）。

图3.4　圣地亚哥·卡拉特拉瓦设计的里昂萨托拉达火车站

4. 满足形式美的原则

景观建筑除了要具有实用的属性以外，还以追求审美价值作为最高目标。然而，由于审美标准具有十分浓厚的主观性，使景观建筑呈现出千变万化的形式，故此其能充分把握共同的视觉条件和心理因素，得出相对具有普遍性的形式美原则。形式美原则是创造景观建筑空间美感的基本法则，是美学原理在建筑设计上的直接运用。这些美学原理是长期对自然的和人为的美感现象加以分析和归纳而获得的共同结论，因而可以作为解释和创造美感形式的主要依据（图3.5）。

图3.5 2010年上海世博会英国馆

5. 与环境有机结合

著名建筑师沙里宁曾说过："建筑是寓于空间中的空间艺术。"整个环境是个大空间，建筑空间是处于其间的小空间，二者之间有着极为密切的依存关系。当代景观建筑设计已经从个体设计转向整体的环境设计，单纯追求建筑单体的完美是不够的，还要充分考虑建筑与环境的融合关系。

建筑环境包括有形环境和无形环境，有形环境又包括绿化、水体等自然环境和庭院、周围建筑等人工环境，无形环境主要指人文环境，包括历史和社会因素，如政治、文化、传统等，这些环境对景观建筑设计的影响都非常大，是景观建筑设计中要着重考虑的因素。只有处理好建筑的内部空间、外部空间以及二者之间的关系，建立整体的环境观，才能真正实现环境空间的再创造（图3.6、图3.7）。

图3.6 荷兰24H Architecture事务所设计的林中小屋外观

图3.7 荷兰24H Architecture事务所设计的林中小屋室内

6.满足文化认同

建筑是一种文化，它强烈外化着人和社会的种种历史和现实，它是为人提供从事各项社会活动和居住场所的功能载体，一切文化现象都发生其中，而且建筑既表达着自身的文化形态，又比较完整地反射出人类文化史。同时，为适应广泛的社会需求，建筑也必须反映时代的、地域的、民族的、大众的文化特征才能与社会生活和社会发展保持同步。就景观建筑的物质属性而言，它反映着最先进的科技发展水平；而在社会属性方面，人类的一切文明成果也都渗透其中，如雕刻、雕塑、工艺美术、绘画、家具陈设等，都是建筑空间与建筑环境的组成部分；而景观建筑所体现的象征、隐喻、神韵意义，也都与人们的精神生活和精神境界相联系（图3.8）。人们对建筑的体会，如能达到用在其中，乐在其中，那么景观建筑也就真正成为创造历史文化的媒体了。

图3.8　2010年上海世博会俄罗斯馆

3.1.2　现代景观建筑设计的一般流程

1.设计前期阶段

（1）委托。委托是客户方和设计方的初次会晤，说明客户的需求、确定服务的内容以及确定双方之间的协议。通常情况是口头协议即可，但对于大型、复杂或长期的项目，须拟定详细合法的协议文件。

（2）现场踏勘。明确设计任务后，要求掌握所要解决的问题和目标。例如，设计创造出的景观建筑的使用性质、功能特点、设计规模、总造价、等级标准、设计期限以及所创造出的景观空间环境的文化氛围和艺术风格等。

现场踏勘是一个非常重要的过程。首先，需要对即将规划设计的场地进行初步测量、收集数据。然后，做一些访问调查，综合考虑人与场地景观之间的关系和需求，这些信息将成为设计时的重要依据。最后，是现场体验。测量图纸及汇集其他相关的数据固然是重要的，但现场的调查工作却是不容忽视的，最好是多次反复地进行调查，可以带着图纸现场勾画和拍摄照片，以补充图纸上难以表达出来的信息和因素，这样才能掌握场地的状况。除此之外，还应该关心场地的扩展部分，即场地边界周围环境以及远处的天际线等，西蒙兹教授认为："沿着道路一线所看到的都是场地的扩展部分，从场地中所能看到的（或将可能会看到的）是场地的构成部分，所有我们在场地上能听到的，嗅到的以及感受到的都是场地的一部分"。如植被、地形地貌、水体以及任何自然的或人工的可以利用的地方和需要保留或保护的特征等。

（3）分析。这一步骤的工作包括场地分析、政府条例分析，记载限制因素等，如土地利用密度限制、生态敏感区、危险区、不良地形等情况，分析规划的可能性以及如何进行策划，包括区域影响分析、自然环境分析、人文精神分析等。场地分析的程序通常从对项目场地在地区图上定位、在周边地区图上定位以及对周边地区、邻近地区规划因素的精略调查开始。从资料中寻找一些有用的东西，如周围地形特征、土地利用情况、道路和交通网络、休闲资源以及商贸和文化中心等，构成与项目相关的外围背景，从而确定项目功能的侧重点（图3.9、图3.10）。

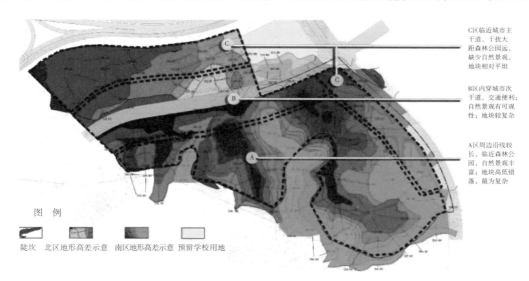

C区临近城市主干道，干扰大距森林公园远，缺少自然景观，地块相对平坦

B区内穿城市次干道，交通便利；自然景观有可观性；地块较复杂

A区周边沿线较长，临近森林公园，自然景观丰富；地块高低错落，最为复杂

图 例

陡坎　北区地形高差示意　南区地形高差示意　预留学校用地

图3.9　地形分析图

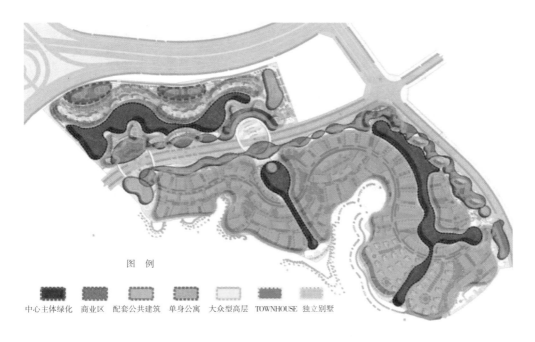

图 例

中心主体绿化　商业区　配套公共建筑　单身公寓　大众型高层　TOWNHOUSE　独立别墅

图3.10　功能结构分析图

自然环境的差异对景观的格局、构建方式影响较大，包括对地形、气候、植被等进行的分析景观的人文背景分析主要包括人们对物质功能、精神内涵的需求，以及各种社会文化背景等。不同的景观在精神层面上都能给人一定的感受或启迪，借助景观建筑的精神、宗教气氛的渲染、民俗文化的表现、历史文化感等来达到这一目的。

因此，要设计某个区域的景观，就要了解该景观所针对的人群的精神需求，了解他们的喜好、追求与信仰等，然后有针对性地加以设计。

场地分析图是对场地进行深刻评价和分析，客观收集和记录基地的实际资料，如场地及周围建筑物尺度、栽植、土壤排水情况、视野以及其他相关因素（图3.11）。

除了这些现场的信息，调研中收集到的其他一些数据也包含在测量文件中，如邻接地块的所有权，邻近道路的交通量，进入场地的道路现状，车行道、步行道的格局等（图3.12）。

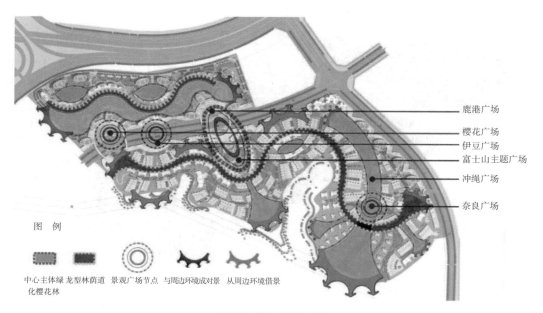

图3.11　绿化景观分析图

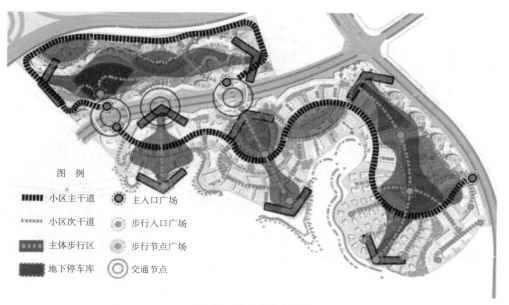

图3.12　道路系统分析图

（4）确定设计方案的总体基调。在通过对景观建筑设计所属地域的综合考察与分析之后，就要确定设计什么样的景观建筑，分析其可行性，建造此景观建筑的有利因素和不利因素，以明确设计方案的总体基调，如休闲娱乐、教育、环保景观建筑等。

2. 初步设计阶段

现代景观建筑是一门综合性很强的学科，涉及景观规划学、城市规划学、建筑学、生物学、社会学、文化学、环境学、行为学、心理学等众多学科。设计本身是个复杂的过程，构思是现代景观建筑设计最重要的一个部分。在对设计地域进行综合考察与各方面分析，明确设计效果之后，就要对场地进行细致的规划构思。构思要另辟蹊径、有创意，一个设计能否成功，关键在于设计师的构思是否有新意，构思时要注意设计形式的有效运用。

（1）勾画设计草图。设计草图是设计者对设计要求理解后，设计构思的形象表现，是捕捉设计者头脑中涌现出的设计构思的最好方法。在设计草图阶段，草图应该保持简明性和图解性，以便尽可能直接解释与特定场地的特性相关的规划构思。随着规划草图的进展，可以进一步对各方案的优缺点进行总结，并作出比较分析。不合适的方案需要加以放弃或者修正，好的构思应该采纳并改进。应该把不同知识领域的专家，如景观设计师、建筑师、工程师、规划师以及艺术家和科学家集合到一起，请他们各抒己见，各种思想、构思、灵感自由碰撞，让项目在不同的领域同时探讨，最终得到一个综合的概念规划，做到把所有建设性的思想建议都考虑到最终的方案中，以减少负面的影响，增进有益之处。

如果一个可行的方案初具轮廓，具体目标已经确定，接下来应该进行初步规划和费用结算，同时也应不断地调整和充实方案，关注负面影响的产生。评估是一个重要的手段，它对所有的因素和资料以及规划后带来的社会反应进行分析，权衡利弊，这样可避免给项目带来的消极影响并对存在的问题及时做出改正，提出一些补救措施。如果负面作用大于益处的话，则建议不进行项目开发。

（2）绘制平面图。在绘制平面图时，首先根据设计的不同分区划分若干局部，每个局部根据整体设计的要求进行局部详细设计。

在进行平面图的绘制时，应注意选用恰当的比例尺及等高线距离，如比例尺为 1 ： 1000，等高线距离为0.54m，用粗细不同的线条绘制出设计的不同部分，详细设计平面图的绘制要求并表明建筑平面、标高及与周围环境的关系（图 3.13）。

图3.13　总平面布置图

为了更好地表达设计意图，有时需要做一些局部放大图或横纵剖面图（图3.14）。

2—2剖面

1—1剖面

图3.14　剖面图

（3）制作效果图。效果图的绘制比草图更加完整精细，细节更加清晰，要按精确的比例进行绘制，效果图的绘制通常可以借助计算机来辅助完成，也可以手绘形式完成，效果图要按比例描绘出景观建筑的造型，反映出景观设施间主要的结构关系（图3.15）。

图3.15　效果图

（4）展板设计。在绘制完效果图后，就可以利用各种图纸来组织版面，配以主要文字说明对图纸进行解释和补充，做成展板，以供公众或相关部门来观赏和评判。制作展板，一方面可以向公众充分展示设计师的设计成果及设计水平；另一方面，可以针对设计中的不足充分采集和听取公众及相关部门的意见，以便对设计进一步修改和完善。

（5）模型制作。虽然效果图已经将构思立意充分地表现出来了，但是，效果图始终是平面图形，而且是以一定的视点和方向绘制的，这就难免会存在设计构思体现不完全的假象，因而在设计的过程中，使用简单的材料和加工手段，按照一定的比例制作出模型是很有必要的，模型的制作能更准确直观地表达出景观建筑与所在环境的比例和尺度关系及总体效果（图3.16）。

图3.16 模型

3. 施工图设计阶段

在完成初步设计的基础上，才能着手进行施工图的设计，施工设计图纸要求绘制规范，要尽量符合国家建委规定的标准，一般包括施工放线总图、地形平面设计图、水体设计、道路设计、广场设计、景观建筑主体设计、周边绿化设计及管线、电讯设计等。

同时，在施工图设计阶段需要编制设计说明书及工程预算。在进行设计构思时，必须对各阶段的设计意图、经济技术指标、工程安排以及设计图上难以表达清楚的内容等，用图表或文字的形式加以描述说明，使规划设计的内容更加完善，最后还要附上一份关于工程的预算文件。

4. 工程施工阶段

初步规划设计和概算获得批准后，应开始拟定施工文件、进行招投标，进而就进入了工程施工阶段，这是设计人员与施工人员相配合将设计方案实现的阶段，虽然大量的工作要由施工人员来完成，但仍需设计人员的密切配合。首先，在施工前，设计人员要向有关的施工单位讲解其设计方案，递交相关的设计图纸。其次，在施工的过程中，设计人员要下工地，到现场全程化跟踪指导。施工结束后，设计人员应协同质检部门进行工程验收。一个优秀的作品必须是设计和施工的完美结合。

5. 后期回访

在项目完成之后，景观建筑师应该给客户提供一份说明，指导其如何进行运作和维护，并做到定期访问，注意使用后的定期反馈。

3.2 景观建筑设计视觉元素及形式美法则

现代景观建筑语言是比较抽象的，要想真正用在现实的设计中，让基本的形态表达设计理念，还得通过具体的形式表现出来。

人们表达情感的语言文字是由句子、词、字所组成的，而景观建筑所表达的情感形态是由点、线、面和体来呈现的。点、线、面和体是景观建筑形态的物质基础，是表现形态的基本元素。但是单有点、线、面和体这些基本元素，还未能真正地把景观建筑的情感表现出来，或者说，还未能完成形态的表达。要想完整的表现景观建筑的形态还需要有更为具象和更容易使人产生联想的元素来表达，它们就是形状、色彩、肌理和形态场等视觉元素。要完成一个好的景观建筑作品，基本元素和视觉元素就要按一定的形式美法则去有机地组合起来。

3.2.1 景观建筑设计的视觉元素分析

形态、色彩、肌理、位置、方向等是构成景观建筑的视觉要素，也是景观建筑设计借以进行变化和组织的要素。做任何设计，无非就是变化这些要素，从而形成多种多样的形态。我们往往用一组在形状、大小、色彩、肌理、位置、方向上重复相同的，或者彼此有一定关联的点、线、面、体遵循形式美的法则集合在一起，形成我们的建筑空间。

1. 形状

形态要素存在于人们的感触之中，观看物体，最直接最容易使人感受到的，就是它的形状。形状是物体的表面特征，是物体呈现出来最表露的东西，也是最容易感触到的。人们通过对物体形状的观看，可以联想出其他的东西来，物体给人直接的感觉就是形感，也是最基本的感受（图 3.17、图 3.18）。

图3.17 高迪设计的巴特罗之家　　　　　　　　图3.18 奥地利的格拉茨艺术博物馆

人们通过物体形状的观察，感觉到其形象，并通过联想，进行升华，形成一种与形状有关联但又脱离了形状实体的感触。对于不同的形状人们都会有不同的联想与感受。

　　建筑外部形态主要反映建筑的外形、体量、外部装饰、窗墙等的组合方式，建筑语言符号的运用等要素及其相互关系，即通常意义上的建筑形体或造型。其意义接近英文的"shape"或"figure"，多是我们眼见的形状本身，也就是说它是表示表面形状的词语，主要以视觉思维的感性感受为表征（图3.19）。

　　建筑内部形态则主要反映建筑内部空间关系、空间构成、装饰风格、建筑结构特征等深层次要素，其意义接近英文的"form"，更多地融入了"文化"等物质要素。形态在肉眼所见的基础上，包含着在组成这种形状的时候具备的规律，因此强调感性感受与理性认识并重的同时，更着重于具备某种规律的东西（图3.20）。

图3.19　某别墅外观设计

图3.20　某别墅室内设计

2. 色彩

　　日常生活中所指的"色彩"一词，指色光在我们视网膜上引起的颜色感觉（包括黑、白、灰以及各种彩色）。

　　色彩与质感的处理与现代景观建筑空间的艺术感染力有密切的关系。色彩有冷暖、浓淡的差别，色彩的感想和联想及其象征的作用可予人以各种不同的感受（图3.21）。质感表现在景物外形的纹理和质地两个方面。纹理有直曲、宽窄、深浅之分；质地有粗细、刚柔、隐现之别。质感虽不如色彩能给人多种情感上的联想、象征，但质感可以加强某些情调上的气氛，古朴、活泼、柔媚、轻盈等的获取与质感处理关系很大。

图3.21　通过建筑入口的雕塑色彩使人产生情感上的联想

总之，色彩和质感是现代景观建筑材料表现上的双重属性，两者相辅共存，只要善于去发现各种材料在色彩、质感上的特点，并利用它去组织节奏、韵律、对比、均衡等构图变化，就有可能产生不同凡响的艺术效果，提高其艺术感染力（图3.22）。如我国南方建筑风格体态轻盈，色彩淡雅（图3.23），北方则造型浑厚，色泽华丽。随着现代建筑新材料、新技术的运用，建筑风格更趋于多姿多彩，简洁明丽，富于表现力。

图3.22　通过材料的色彩使景观建筑产生不同凡响的艺术效果，提高其艺术感染力

图3.23　周庄古镇

在景观建筑设计中对色彩与质感的处理应注意色彩与材料的配合，把握色彩的地域性、民族性。北京标准营造朝阳工作室最近完成了一个西藏尼洋河边的游客中心，这座建筑利用当地乡土技术，用色彩缤纷的本地矿物颜料对石墙涂色。该中心包含了售票处、更衣室和浴室，看似随意的平面流线、功能和基地条件，其体量和空间形式与周围景观却取得了和谐关系（图3.24、图3.25）。

另外，照明方式及光色是影响景观建筑色彩与质感特征的重要因素。各式各样的灯具及不同光源的情况下，都会使景观建筑的色彩和质感发生变化，从而造成各种不同的心理感受。

图3.24　北京标准营造朝阳工作室设计的西藏尼洋河边的游客中心

图3.25　该建筑用本地矿物颜料对石墙涂色，其体量和空间形式与周围景观非常协调

3. 肌理

自然界中的任一物体表面都具有特殊构造且形成其表面特征，我们称之为肌理或质感。视觉质感指通过质感产生的一种视觉上的感觉，视觉质感的具体产生不仅有物体材料质地和肌理上的材质因素，还有人的视觉、触觉、味觉等生活经验的心理因素。由物体表面所引导的视觉触觉，称为视觉肌理；由物体表面组织构造所引导的触觉质感称为触觉肌理。肌理在建筑设计中是不可缺少的因素，肌理应用恰当，以使设计更具有魅力（图3.26、图3.27）。

图3.26　用编制手法表现的景观建筑肌理效果　　　　图3.27　NORTH设计事务所设计的青翠步道

图3.28　阿尔瓦·阿尔托设计的珊纳特赛罗市政厅

在景观建筑形态的基本元素中，肌理有其独特之处。它与人类的触觉器官相联系，给人们以触觉感受，这是其他基本元素所不具备的。人通过触觉器官感受到物体材料的质感，这种感受与通过视觉器官得到的信息是有区别的，经过皮肤接触而得到的印象是深刻而刻骨铭心的。

景观建筑使用的材料种类繁多，不同的材料有不同的肌理，会给人以不同的感觉。同一种材料也会因其表面的加工程度的不同，而给人不同的感受，所表达的建筑形态也各异。景观建筑一般是依赖或模仿自然材质和自然景色来达到其建筑形态效果的。

（1）砖石。砖石是最为传统的建筑材料，自古以来用石砌建筑的墙、柱等细部带给我们美的视觉感受。即使是在主要发展了木结构的中国，砖石也未被遗忘。砖是人造的承重材料，色彩单纯强烈，质感比未经磨光的石材更加平整细腻，砌体图案既变化丰富，又规整精确（图3.28）；石材耐久，自身色彩变化很多，加之不同的规格形状以及表面处理方式，可获得多种色彩、质感以及砌筑图案（图3.29）。

图3.29　贝聿铭设计的中国驻美国大使馆

（2）混凝土。混凝土材料是当今运用最为普遍的承重结构材料之一，决定混凝土色彩最主要的因素是水泥。而决定混凝土质感形成与纹理表现的除了合成它的材料之外，更重要的是浇筑它的模板制作。充分利用混凝土的色彩、质感与纹理来赋予建筑独特格调，要经过精心设计与严密加工。混凝土肌理的艺术运用，可以使建筑具有非凡的魅力（图3.30）。

（3）木材。木材也是一种从远古时代开始使用的承重结构材料，尤其是我国对木结构的发展作出了卓越的贡献。木材也总是要覆以其他材料如油漆的涂层，而涂层基本上可以分为透明与不透明两大类。透明的涂层可以在较大程度上展示木材本身的色彩与质感；而不透明涂层，既要注意它自身颜色的品质，又要注意它与其他建筑构成部分在色彩上的和谐（图3.31）。

图3.30　柯布西耶设计的昌迪加尔立法议会大厦

图3.31　库巴·皮拉日建筑师事务所设计的马萨里克大学图书馆

（4）金属。金属材料分为型材与板材。金属型材主要是铝型材与钢型材，铝型材的涂层有透明与不透明之分，而钢型材总是要覆盖以各种涂层，包括防火涂料，并被其他饰面材料所包裹，使用时需注意它们不同的美学效果；金属板材主要也是铝合金与钢板，它们的色彩与质感特点与型材一致。钢材在建筑中主要是用作结构构件和连接件，特别是需要受拉和受弯的构件。某些钢材如薄腹型钢、不锈钢管和钢板等也可用于建筑装修（图3.32）。

（5）玻璃。玻璃是维护结构材料中的重要类型。当采用隐框玻璃墙时，建筑外观上可以说是除了玻璃外别无他物。玻璃的表面特性不一，色彩种类极多，各有其适合的应用范围（图3.33）。美国加利福尼亚州佳登格勒佛（Garden Grove）的水晶大教堂即是一个建筑奇迹，也是一个人间奇迹。由20世纪著名建筑大师菲利普·约翰逊设计的这座教堂在宗教建筑中开天辟地，巨大和明亮的空间使所有教堂望尘莫及。水晶教堂被众人评为"世界最壮美的十大教堂"之一。水晶教堂的壮观、绚丽和通透，不仅在教堂中绝无仅有，就是在世界公共建筑中，也称得上经典（图3.34）。

图3.32　皮阿诺与罗杰斯设计的蓬皮杜国家艺术文化中心

图3.33　福斯特设计的德国议会大厦玻璃穹顶

图3.34　菲利普·约翰逊设计的美国加利福尼亚州佳登格勒佛水晶大教堂

（6）涂料。涂料是较晚兴起的墙面装饰材料。在所有装饰面材料中，涂料的颜色可谓最多，且容易调配，在现代建筑设计中，由于生产工艺的进步，涂料已克服自身的诸多缺点，成为更广的饰面选择，运用也越来越广泛。

此外，还有许多区域性、地方性材料，用于建筑饰面，多是就地取材，并非工业化大量生产。因此使用起来，便会具有独特的视觉美感，且使建筑具有明显的地域特色。

4. 形态场

由于某一物体的存在，影响其所在的场景，使人们产生一种特定的感受，这就是形态场感，也就是形态场。物体对场景所产生的影响被称为场效应，而物体所形成的场则称为形态场。

物体的形态场效应，是物体对其所在的场景产生影响。所谓场景，是物体所在场地的景色，也即物体所处的周边环境及其背景界面。没有场景就没有形态场效应，但这种情况并不存在，因为宇宙中任何地方，对物体而言，都有周边环境及其背景界面，也即有场景。所以，只要看到物体的边界线，就存在物体的周边环境及其背景界面，就有场景。

形态场效应的形态表现可以说是到处可见。一把张开的伞，就可以形成一个空间。公园、小区中的一个亭子、一个雕塑会吸引人们或指引方向，那是形态场方向性所起的作用。一件装饰物在不同的地方，会产生不同的观感，这是形态场位置性的表现。可以说，形态场有其明确的空间性、方向性和位置性，并对所在的场景有明显的影响作用。因此，形态场也是景观建筑的一种要素（图3.35、图3.36）。

图3.35　草皮上的台阶成为人们促膝交谈之地

图3.36　形态场的空间性、方向性和位置性对人的行为起着明显的影响

要把各种形态呈现出来，必须有载体，要通过实物体现，景观建筑就是这实物的一种，包括形态本身表达的基本元素（点、线、面、体）以及由这些基本元素组成的建筑细部、局部、整体、总体和场景。

在漫长的建筑历史里，人创造的建筑载体成千上万，今天以及将来仍然不断地创造新的载体，景观建筑也同样不断地丰富和完善。所以，景观建筑中形态载体的多样性也不可忽视。要使设计更好地表达设计师自己的思想和理念就需要选择合适的载体，然后才是运用建筑形态表达各种要素。选择能长久地、主动地、充分地表达预期形态效果的载体，才有可能设计出更美好的景观建筑作品。

景观建筑的设计理念需要建筑形态来表达，要把建筑形态表现好还必须掌握其基本的表现形式，要想在复杂的背景环境中准确地表达设计主题，就要求设计师必须掌握和灵活运用基本的景观建筑形式语汇。

3.2.2 景观建筑设计的形式美法则

建筑构成我们日常生活的物质环境，同时又以它的艺术形象给人以精神上的感受。建筑通过空间、实体所表现出的形和线，以及光影关系构成建筑形象的基本手段。古往今来，许多优秀的匠师正是巧妙地运用了这些表现手段，从而创造了许多优美的建筑形象。和其他造型艺术一样，建筑形象的问题涉及文化传统、民族风格、社会思想意识等多方面的因素，并不单纯是一个美观的问题。但是一个良好的建筑形象，却首先应该是美观的。

人们在长期的社会实践中，按照美的规律塑造景物外形，逐渐发现并总结出一些美的规律性，并将这些规律主要应用于造型艺术当中，将之称为形式美的基本规律或形式美法则。现代景观设建筑计主要是以造型艺术为主，因此在设计的过程中可以遵循形式美的基本法则。

1. 多样统一

形式美的最基本法则，即多样与统一。古今中外的优秀造型艺术，例如建筑、雕塑、园林设计等都遵循这个基本法则。

多样与统一是指在统一中求变化，在变化中求统一。任何造型艺术，都具有若干不同的组成部分，这些部分之间，既有区别，又有内在的联系，只有把这些部分按照一定的规律，有机地组合成为一个整体，才能将各部分的区别看出多样性和变化，就各部分的联系看出和谐与秩序。既有变化又有秩序，这是一切造型艺术应当具备的要素。

多样与统一是一对矛盾体，变化过多则会引起杂乱，而过分注重统一就会导致呆板和无生气，因此要在设计中处理好两者之间的辩证关系，才能达到视觉的美感。在景观建筑设计中，首先要把握整体的格调是取得统一的关键。任何一个景观建筑，都有一个特定的主题，我们应该在分析其所在的场地、周围的环境、景观的功能目的，以及景观建筑的主题等各种因素之后，确定一个整体的构思，表现出整体的格调。在设计的过程中，将这一整体的构思和格调贯穿于景观建筑设计的全部要素之中，从而形成统一的特色。

统一手法一般是在环境艺术要素中寻找共性的要素，例如形状的类似，色彩的类似，质感的类似，以及材料的类似等，在统一协调的基础上，根据景观建筑表现的重点和主题，进一步发展设计，寻求变化，形成序列感，同时丰富设计。因此，多样统一的设计法则是突出体现整体风格，使人们对景观建筑的整体印象亲切而深刻。如埃及金字塔就是利用大小不一的同样几何形状求得统一（图3.37）。多样统一是形式美法则的总则，所有的形式美手法都是为了要达到多样统一。

图3.37 埃及的金字塔

2. 主从与重点

自然界的一切事物都呈现出主与从的关系，例如植物的干和枝，花与叶，动物躯干与四肢……它们正是凭借着这种差异的对比，才形成一个协调统一的形体。各种艺术创作中主题与副题、主角与配角、重点与一般等，也表现一般的主从关系。由此可以看出，在一个有机的整体中，各要素之间应该具有主从关系，否则各要素就会失去整体感和统一性，流于松散和单调。

在现代景观建筑设计中，一个重要的艺术处理手法就是在构图中处理主次的关系，要通过次要部分突出主体，从而使景观建筑具有独特性。这些具体的方法包括以下几种。

（1）主景升高或降低法。通过地形的高低处理，能够吸引人的注意，抬高地形主景的手法，在中国园林中广泛使用，最为著名的是颐和园中的佛香阁，佛香阁体积庞大，位于湖面的中轴线上，但这些还不足以成为控制全园的主景观，而把它放置在万寿山的山麓上，使之成为景观的至高点，突出其构图中心的地位，即利用主景升高法的原则来表现主从关系（图3.38）。降低法最常用的即是利用下沉广场的做法，当地形发生改变后，人的视线也发生改变，俯视和仰观一样可以产生主景的中心。

（2）轴线对称法。这种方法可强调出景观的中心和重点（图3.39）。

图3.38　颐和园佛香阁　　　　　　　　　　　　图3.39　强调轴线对称的天安门广场

（3）动势向心法。这种方法是把主景置于周圈景观的动势集中中心（图3.40）。

（4）构图中心法。这种方法是把主景置于景观空间的几何中心或相对中心部位，使全局规划稳定适中，如底特律的哈特广场中的喷泉。虽然周圈景物不是对称布置，但由于所设置的位置为整个广场的几何中心，因此还是成为整个广场的中心（图3.41）。

图3.40　清华大学礼堂　　　　　　　　　　　　图3.41　底特律的哈特广场

3. 对比与微差

景观建筑设计作为一种艺术形式，其各个组成要素之间具有大量对比和微差的关系。对比是指各要素之间有比较显著的差异性，微差指不显著的差异，对于一个完整的设计而言，两者都是不可或缺的，对比可引起变化，突出某一景物或景物的某一特征，从而吸引人们的注意。并继而引起观者强烈的感情，使得设计变得丰富。但采用过多的对比，会引起设计的混乱，也会使得人们过于兴奋、激动、惊奇，造成疲惫的感觉。微差强调的是各个元素之间的协调关系，但过于追求协调而忽视对比，可能造成设计呆板、乏味。因此在设计当中如何把握对比与微差的关系，是设计能否取得成功的关键因素之一。

对比与微差是一对相对的概念，何种程度为对比，何种为微差，两者之间没有一条明确的界限。如果把微差比喻为渐进的变化方式，那么对比就是一种突变，而且突变的程度愈大，对比就愈强烈。

大小的对比与微差，色彩的对比与微差，质感的对比与微差等。在设计中只有在对比中求协调，协调中有对比，才能使景观建筑丰富多彩、生动活泼，而又风格协调、突出主题。由西班牙 MACA Estudio 设计的Porreres 医疗中心工程始于一项严格的城市条例，该条例要求设计一座三层建筑，在仅有的地块上容纳医疗中心的各种功能。设计出的建筑体量几乎为一个立方体，建筑师从进深上将立方体均分为五等份，在纵向上分为三等份，以此对体量加以调节。设计师在建筑南立面设计了巨大开口。这些开口如同钢盒子，在主立面上特别明显，不但能观景，还能引入自然光线，同时赋予建筑一种标志性的外观（图 3.42、图 3.43）。

图3.42　西班牙MACA Estudio设计的Porreres医疗中心

图3.43　开口的设计使建筑立面上产生了对比变化

同时对比与微差使用的比例也要看所设计的景观建筑的具体要求，例如在休息空间，就应该多采用调和的设计手法，营造安静、平和、稳定的空间感受，而在娱乐空间就应该多采用对比的手法，来引起人们的感观刺激。另外，为老人设计的空间应该多采用调和的设计因素，而为儿童设计的，则可多采用对比的手法，以符合不同使用者的生理和心理特点。

4. 均衡与稳定

均衡与稳定是人类长期实践中从大自然与自身的特点中总结出的基本审美观念，在自然界包括人自身，绝大多数事物都是均衡的，在重力场的作用下，又都体现出很稳定的形态。因此，符合均衡与稳定原则的事物，人不仅认为是安全的，而且感觉是舒服的，从而人类把它作为了一个基本的审美要求运用到各种创造性活动当中。

但由于科学技术的进步，人类目前可以用一些技术手段来打破上小下大，上轻下重的稳定形式，这种打破均衡与稳定的造型往往可以给人新奇新颖的感觉，但过多使用这样的形式，会给人造成心理上的担心、焦虑，会使人有一种失控的感觉，相应地就会失去视觉美感，带来心理上的不快，因此，这种打破均衡与稳定的形式应该在设计中得到控制。

均衡包括静态均衡与动态均衡两种，而静态均衡中又包含对称均衡和非对称均衡两种，其中，由于对称的形式本身具有均衡的特性，因而具有完全统一性，而且由于对称均衡严谨的组织关系，使得这种均衡体现出一种非常严谨、严肃、庄严的感觉，因此无论是中国的封建社会的宫殿，还是欧洲的古典主义建筑都运用这种形式以体现皇权至高无上的地位（图3.44）。

在现代景观建筑设计中，对称均衡也常常使用在强调轴线，突出中心的设计部分中，或是用于比较严肃的设计当中，如政府办公楼设计。

非对称均衡相对对称均衡来讲，各组成要素之间的设计要更灵活一些，主要是通过视觉感受来体现的，设计显得更轻松、活泼、优美，因而在现代景观建筑设计当中，更多的使用非对称均衡的手法（图3.45）。

图3.44　对称均衡的处理手法　　　　　　　　　　图3.45　非对称均衡的处理手法

动态均衡是依靠运动来求得平衡的，例如旋转的陀螺、奔驰的动物，行驶中的自行车，都属于动态平衡，一旦运动终止，平衡的条件也随之消失。现代建筑由于技术的发展，通过结构做到建筑形成动态平衡的态势。由于人们欣赏景物的方式有静态欣赏和动态欣赏两种，尤其是在园林景观中，更强调其动态欣赏，景现设计非常强调时间和运动这两方面因素。在这一点上，中国古典园林所强调的步移景异的造园思想就是动态均衡设计手法的充分运用。因此，在现代景观建筑设计中，更是要将动态均衡与静态均衡结合起来，从连续的行进过程中把握景观的动态平衡变化（图3.46、图3.47）。

图3.46　由René van Zuuk Architekten设计的靠近皮阿诺新都市中心的住宿部

图3.47　理查德·迈耶设计的深圳华侨城会所

5. 韵律与节奏

自然界中许多事物和现象，往往都是有规律或有秩序的变化激发了人们的美感，并使人们有意识的模仿，从而出现以具有条理性、重复性和连续性为特征的韵律美，例如音乐、诗歌中所产生的韵律和节奏美。

在景观建筑设计中，常采用点、线、面、体、色彩和质感等造型要素来实现韵律和节奏，从而使建筑具有秩序感、运动感，在生动活泼的造型中体现整体性，具体运用主要包括以下几种。

（1）重复韵律。同种的形式单元组合反复出现的连续构图方式称为重复韵律。重复韵律强调交替的美，能体现出单纯的视觉效果，秩序感与整体性强，但易于显得单调，例如路灯的重复排列到树木的交替排列形成整体的重复排列（图3.48）。

图3.48　重复韵律

（2）交替韵律。有两种以上因素交替反复出现的连续构图方式称为交替韵律，交替韵律由于重复出现的形式较简单韵律多，因此，在构图中变化较多，较为丰富，适合于表现热烈的、活泼的具有秩序感的景物。由LOOK建筑师事务所设计的新加坡碧山社区图书馆主立面竖向盒体排列就是采用交替韵律设计的（图3.49）。

（3）渐变韵律。渐变韵律指重复出现的构图要素在形状、大小、色彩、质感和间距上以渐变的方式排列形成的韵律，这种韵律根据渐变的方式不同，可以形成不同的感受，例如色彩的渐变可以形成丰富细腻的感受，间距的渐变可以产生流动疏密的感觉等，渐变的韵律可以增强景物的氛围，但要使用恰当（图3.50）。

图3.49　LOOK建筑师事务所设计的新加坡碧山社区图书馆

图3.50　URBANUS都市实践建筑事务所设计的华·美术馆

（4）起伏韵律。起伏韵律是物体通过起伏和曲折的变化所产生的韵律，如景观建筑设计中形态的起伏、墙面的曲折都能产生韵律感（图3.51）。

（5）整体韵律。整体韵律是将景观环境整体考虑，使山山水水，每一个景观都不会脱节，使其纳入整体的布局，使其有轻有缓，有张有弛，令人感受到整体统一；如在园林景观布局中，有时一个景观往往有多种韵律节奏方式表现，在满足功能要求的前提下，采用合理的组成形式，创造出理想的园林景观（图3.52）。

图3.51　雅思柏事务所设计的新加坡亨德申波浪桥

图3.52　景观建筑出于整体环境的考虑，使其有轻有缓，有张有弛

6. 比例与尺度

一切造型艺术长宽高的理想关系是形式美追求的主要目标，这种关系就是比例。比例研究的是物体长、宽、高三方向量度之间关系的问题。和谐的比例是审美的重要因素，古希腊学者在长期探索研究的基础上提出著名的"黄金分割"比率是1∶0.618，"黄金分割"后来在建筑构图中广泛应用，增强了建筑的和谐美；还有一个几何学的经验，即相邻的长方形的对角线互相垂直或平行，也能达到和谐的效果。所以整体与局部之间存在着能够引起视觉美感的逻辑关系。此外，影响比例的关系还有地域、民族、习惯和特殊审美功能的要求。光线、色调、相邻的元素、对比关系都能引起错觉，从而调整了视觉比例关系（图3.53）。

尺度所研究的是建筑物的整体或局部给人感觉上的大小印象和真实大小之间的关系问题。尺度是以人为标准来决定的，必须满足人的物质和精神需求，建筑形象应该表达出人的审美需求尺度，如高大的、稳定的、精巧玲珑的室内空间，则要有舒适宜人的尺度感，它与比例有很大的关系；同样尺寸的入口大门，位于高层建筑和低层建筑，其尺度感就大不一样；同样尺寸的台阶踏步、楼梯及扶手，在室内和室外的尺度感也大不一样；同样满足使用功能的层高，在大面积与小面积的室内空间中的尺度感也各不相同，前者感到压抑，后者则感到太高而不亲切，由此可见尺度与尺度之间的和谐关系取决于局部与整体之间的比例关系。同时我们可以借助这

图3.53 和谐的比例是审美的重要因素

些比例关系，改变某些建筑构件惯有的比例特征，这种打破常规的做法，就会成为吸引人们注意力的一种设计手法，运用得当会让人产生耳目一新的感觉。

现代建筑师勒·柯布西耶把比例和尺度结合起来研究，提出"模度体系"概念。从人体的三个基本尺寸（人体高度1.83m，手上举指尖距地2.26m，肚脐至地1.13m）出发，按照黄金分割引出两个数列："红尺"和"蓝尺"，用这两个数列组合成矩形网格，由于网格之间保持着特定的比例关系，因而能给人以和谐感（图3.54）。

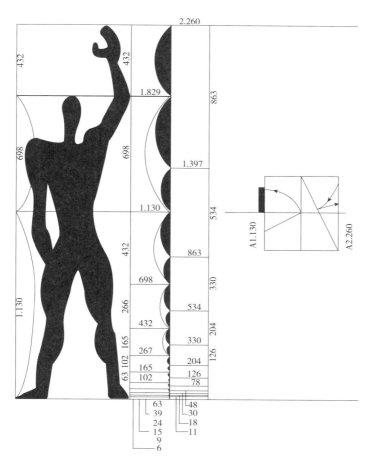

图3.54 勒·柯布西耶研究的"模度体系"

3.3 现代景观建筑空间构成与界定

3.3.1 人的行为与空间尺度

3.3.1.1 人的行为分析

对于空间的认知，最初源自于人类本能的寻求。例如，炎热的夏天里，人们自然会选择躲在树荫下；寒冷的冬天，人们则会靠在既背风又有阳光的这一侧墙上。人们的这些行为实际上就是对各种不同空间的利用。不论是在自然环境中还是在人工构筑物中，人们总是能够利用各种不同的手段来获取自己需要的空间。在不同空间中人们将获得不同的感受。因此，空间中隐含着与人息息相关的性质，包括人的行为、情感和灵性。

建筑空间就是因人的需要而设立的，它满足了人多方面的需求，同时也构成了对人行为的规范限定，使人产生不同的感受。人类的行为是与人类的心理特征是分不开的，下面我们就人类有关建筑方面的心理需求作一下分析。

1. 基础性心理需求

停留在感知和认知心理活动阶段的心理现象、需求都属于基础心理需求，诸如建筑空间给人的开敞感、封闭感、舒适感、可识别性等。

2. 高级心理需求

（1）领域性与人际距离。人在进行各种活动时，总是力求其活动不被外界干扰和妨碍，因此每一个人周围都有属于自己的范围和领域，好像有个"气泡"一样，这个领域也称为"心理空间"，它实质是一个虚空间。关于这一点可以有许多例子来证明。如在酒吧的吧台前，互相不认识的人们总是先选择相间隔的位置，后来的人因为没有其他选择，才会去填补空出的位置；公共汽车上，先上来的人总是各自占据双排座位其中的个，很少有人不去坐两个都空着的座位而去与陌生人并肩而坐。

另外，人进行不同的活动，接触的对象不同，所处的场合不同，都会对人与人之间的距离远近产生影响。建筑空间的大小、尺度，以及内部的空间分隔、家具布置、座位排列等方面都要考虑领域性和人际距离因素。

（2）安全感与依托感。人类的下意识总有一种对安全感的需要，例如在悬挑长度过大的雨篷下，尽管人们知道它不会掉下来，却也不愿在其下久留。另外，从人的心理感受来讲，建筑空间也不是越大、越宽阔越好，空间过大会使人觉得很难把握，而感到无所适从。通常在这种大空间中，人们更愿意有可供依托的物体。例如在建筑的门厅空间中，虽然空间很大，但人们多半不会在其间均匀分布，而是相对集中地散落在有能够依靠的边界的地方；在地铁车站也是同样，当车没来时，候车的人们并不是占据所有的空位置，而是愿意待在柱子周围，适当与人流通道保持距离，尽管他们没有阻碍交通。人类的这种心理特点反映在空间中称之为边界效应，它对建筑空间的分隔、空间组织、室内布置等方面都有参考价值。

（3）私密性与尽端趋向。如果说领域性是人对自己周围空间的保护，那么私密性则是进一步对相应空间范围内其他因素更高的隔绝要求，诸如视线、声音等。人类的生活活动中有许多内容具有私密性要求，无论是起居、工作，甚至是在公共场合。私密性也不仅是属于个人的，也有属于群体的，他们自成小团体，而不希望外界了解他们。

建筑空间应满足人类私密性心理的要求。人口多的家庭卧室一般都比较封闭，以保证私密性；在办公空间中，即使采用景观办公的方式，部门负责人的办公室一般也都要单独封闭起来，尽管有时为了监督工作的需要，采用局部透明的隔断，但声音的隔绝是非常必要的。在一些公共场合，虽然私密性的要求不高，人们仍旧希望自己小团体的活动能够相对独立，不被陌生人打扰，餐厅的雅座、包房便是基于这一点应运而生的。即便在餐饮建筑的大堂空间里，靠近窗户的带有隔断的位置总是被人先占满，因此，如果宁愿牺牲一些面积而在餐桌之间多做一些隔断，将会大大提高上座率。

此外，人们常常还有一些尽端趋向。仍以餐厅为例，人们对于就餐座位的选择，经常不愿意在门口处或人流来往频繁的通道处就座，而喜欢带有尽端性质的座位（图3.55）。

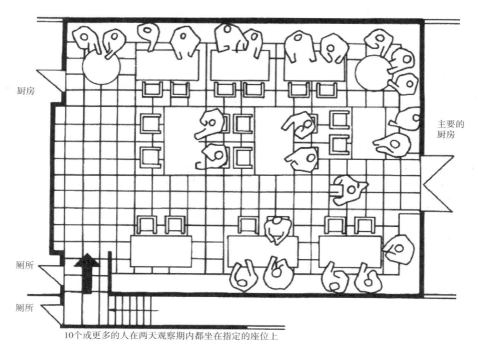

图3.55　人的尽端趋向习性

在学校宿舍里铺位的选择方面，也较能说明这一现象，先入住的学生一般总是优先挑选在房间尽端的铺位，以使学习、就寝时相对较少受到干扰。人类的这种尽端趋向就要求在进行建筑空间设计时，应该多创造一些尽端空间，尽量较少穿越交通。

（4）交往与联系的需求。人不只有私密性的需求，还有交往与联系的需要。因为人是一种社会性的动物，人与人之间需要交往与联系，完全封闭自我的人心态是不会健康的。社会特征会给人带来新的审美观念，如今的时代是信息的时代，更需要人们相互之间的交往与联系，在沟通与了解中不断完善自我。

人际交往的需要对建筑空间提出了一定的要求，要做到人与人相互了解，则空间必须是相对开放的、互相连通的，人们可以走来走去，但又各自有自己的空间范围，也就是既分又合的状态。美国著名建筑师约翰·波特曼的"共享空间"，就是针对人们的交往心理需求而提出的空间理论。

（5）求新与求异心理。人们对于经常见到的或特征不明显的事物往往习以为常，而难以引起兴趣；相反，如果某件事物较为稀罕或特征鲜明，就极易引起人们的注意，这种现象反映了人们的求新和求异心理。生物学家巴浦洛夫曾证明：凡是微弱、单调而又重复出现的刺激物会导致大脑皮层有关神经细胞的抑制过程，这种抑制过程扩散开来，就会引起睡眠。因此人们总是喜欢新鲜的事物，对其有一种探究的心理。

一些具有招徕性的建筑，如商业建筑、娱乐建筑、观演性建筑等，就要针对人们的这种求新与求异心理，力求在建筑外观的造型、色彩、灯光和内部空间特色等方面有所创新，从而显示出与众不同的个性，以吸引人们去光顾（图3.56）。展览性建筑虽然不如商业建筑等对新奇的要求强烈，但也要富有特色、引人注目。

图3.56　通过色彩、灯光和内部空间特色使建筑显示出与众不同的个性

3.3.1.2　建筑的空间尺度

建筑的尺度问题，首先要分清尺度的种类、每种类别的基本性质和要求。大体说有四种尺度：①人的尺度，一切建筑的尺度问题，最基本的，作为出发点的是人的尺度（这里说的只是体的尺度）；②建筑体量的尺度，这是指人对建筑物体量的判断和要求；③建筑内部空间的尺度，其性质与上一点相似；④建筑"空间场"的尺度，即建筑物、空间和人之间的统一。

建筑的空间尺度是人对空间的感受，就是上面讲的"空间场"的尺度。建筑"空间场"乃是人对构成场的建筑以及场本身的形态的感受性（即所引起的心理量）。"空间场"的基本原理，可以通过以下几个方面来讨论。

（1）不同的形状和大小的场空间，对人的作用是不同的。图3.57中有三个不同形状的空间，它们的水平等值线有所不同，就是人对物建立起一种视觉场，把感觉刺激量相同的点连起来，即为等值线。房间内的角落、门、窗、墙上饰物等，对人的刺激性要比墙面大些。图3.58就是一个房间的等值线实例。由这个原理出发可以合理确定空间大小和形状的尺度。

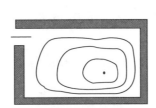

图3.57　不同形状和大小的场空间

（2）人对空间大小的要求是根据人的形态和行为来确定的，图3.59和图3.60中也分别说明房子大小和高度之间的基本关系（即不从具体功能出发，只以人体和行为的一般要求来说）。

（3）人与人之间的空间关系，可以用图3.61的关系来说明。但这也只是从一般关系出发，如果从人与空间的关系来说，则就要看人的活动内容、人的数量等关系。例如，日本的"席"为空间单位，一席约2m²，两个人的情态性空间，一般是四席半（约9m²）的房间最理想，所以日本还有"四席半文学"之说。

（4）人对物的感受视距，在特定的条件下，有特定的"场"（大小），图3.62是一个纪念碑，它所占有的周围广场的大小，就可以用等值线来确定，图中每一等值线区域都有自己的感受值。

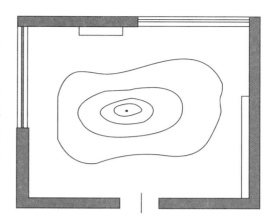

图3.58　房间的等值线

根据这个关系来设计广场或广场中的纪念碑、建筑物、雕塑小品等，也能得到比较理想的尺度。

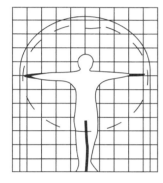

图3.59　房子大小和高度之间的关系（1）

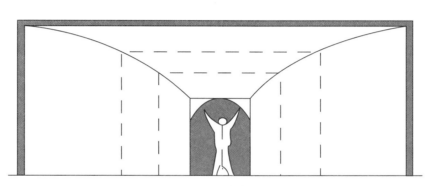

图3.60　房子大小和高度之间的关系（2）

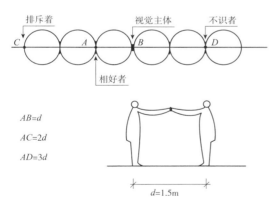

图3.61　人与人之间的空间关系

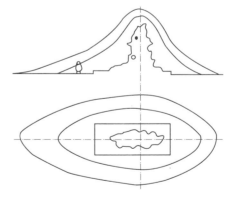

图3.62　人对物的感受视距

通过以上分析可以看到，不同使用性质的建筑之所以具有不同的建筑空间尺度形式，很大程度上是因为在这些建筑中，人的行为模式不同，因而需要不同的空间尺度和形式来与之适应。解决人的饮食起居的住宅空间与进行体育运动或观看比赛的体育馆建筑空间显然是不同的，其实不同类型的建筑就是为满足人类的不同行为需要应运而生的。因此，了解人的各种行为模式及空间尺度，对景观建筑设计有着至关重要的作用，只有对这些因素充分了解，才能设计出真正符合人类需要的景观建筑来。反过来，成功的景观建筑设计还会对身处其间的人们的生活方式和行为模式起到一定的启发和引导作用。

3.3.2　景观建筑的空间特性与功能

3.3.2.1　景观建筑的空间特性

恩格斯在《自然辩证法》的导言中曾写道:"在地球上的最美的花朵——思维着的精神",只有人类才具有理性思维和精神活动的能力,这是其他生物所不能比拟的。人类有思维能力,就要产生精神上的需求,所以景观建筑这种人为的产物,它不仅要满足人类的使用要求,还要满足人类的精神要求。景观建筑给人们提供活动的空间,这些活动无疑包括物质活动和精神活动两方面。

景观建筑空间的特性主要包括它的环境气氛、造型风格和象征涵义三个方面。

1. 环境气氛

人们赖以生存、活动的建筑空间环境,无论是斗室、小筑,还是豪宅、广厦,人置身其间,必然会受到环境气氛的感染而产生种种审美反应。由于空间特性的不同,往往造成不同的环境气氛,使人感觉空间仿佛具有了某种"性格",例如温暖的空间、寒冷的空间、亲切的空间、拘束的空间、恬静优美的空间、典雅古朴的空间等等。空间之所以给人以这些不同感觉,是因为人以特有的联想感觉,即所谓的联觉,产生了审美反应,赋予了空间各种性格。通常,平面规则的空间比较单纯、朴实、简洁;曲面的空间感觉比较丰富、柔和、抒情;垂直的空间给人以崇高、庄严、肃穆、向上的感觉;水平空间给人以亲切、开阔、舒展、平易的感觉;倾斜的空间则给人以不安、动荡的感觉……凡此种种,不同的空间形式带来了不同的环境气氛。

2. 造型风格

风格是不同时代思潮和地域特征通过创造性的构思和表现而逐步发展成的一种有代表性的典型形式。每一种风格的形成,莫不与当时当地的自然和人文条件息息相关,其中尤以社会制度、民族特征、文化潮流、生活方式、风俗习惯、宗教信仰等关系更为密切。中国传统的建筑风格追求庄严典雅的气度,因此大多采用对称均衡的布局形式,从简朴的庙宇到奢华的殿堂,乃至民间建筑,在型制上都具有相同的特色,而西方人具有的是自然的世界观,因而建筑空间造型风格要比中国丰富得多,单一的、复合的、高的、矮的……根据特定的审美需要而千变万化着。

现代景观建筑风格是新时代的产物,由于交通发达和文化的融合,地域性差异已经减少到最低限度甚至于消失,现代人追求的是一种理想的生活模式,因此空间造型风格是不拘一格的、随意的和流畅的。

3. 象征涵义

建筑艺术与其他艺术形式不同,虽然也能反映生活,却不能再现生活,因为建筑的表现手段不能脱离具有一定使用要求的空间、形体,只能用一些比较抽象的几何形体,运用各组成部分之间的比例、均衡、韵律等关系来创造一定的环境气氛,从而也表达特有的内在涵义,从这个意义上来说,现代景观建筑是一门象征性艺术。

所谓象征,就是用具体的事物和形象来表达一种特殊的含义,而不是说明该事物的自身,即借此而言他。象征属于符号系统,只有人类所独有。因为一切非人的动物只能依靠条件反射来认识外界,不能运用抽象的概念对具体对象所代表的另外涵义作出理解。所以西方的一些哲学家把人定义为"会利用符号的动物"和"会利用象征的动物"。象征是人类相互间进行文化交流的媒体。

象征,既然是借用具体的有形事物来表达非自身的无形涵义,而且它在人类社会中能够相互沟通、相互认同,那么它必然是公众所惯用的概念,具有约定俗成的内涵。例如,"居中为尊"这一思想是我国古代社会长期的共识,因此用对称的空间布局形式来作为传统礼教的象征能够历久不衰。当然,象征属于人类文化的范畴,不同的民族，不同的文化层次，由于认同性有差异也并非一切象征物都能在不同的社会得到普遍的认同。所以，象征具有时代性、民族性和地域性的特征。

3.3.2.2 景观建筑的功能

功能在现代景观建筑中占有重要的地位。自古以来，尽管建筑的形式和类型千变万化，其原因也多种多样，但无疑功能在其中起的作用是相当重要的。功能与空间一直是紧密联系在一起的，在景观建筑中，功能表现为内容，空间表现为形式，二者之间有着必然的联系，现代建筑理论中"形式追随功能"的说法集中体现了这一点。虽然功能对空间形式具有决定性的作用，但也不能忽视空间形式本身的能动性。一种新的空间形式出现以后，不仅适应了新功能的要求，还将促使功能朝着更新的高度发展。

由于社会的发展向建筑不断提出新的功能内容要求，于是就出现了许多不同类型的建筑，反映在建筑空间形式上也必然是千差万别，如住宅、学校、图书馆、办公楼、商店、体育馆、影剧院等等。功能对建筑空间的要求从来都不是静止的，而是一种时时刻刻都在发展变化的因素。功能的变化必然意味着新的要求与原有空间形式产生矛盾和对抗，随着矛盾的激化，将导致对旧有空间形式的否定，并最终产生新的空间形式。

在景观建筑中由于人是使用的主体，功能的使用对空间的发展具有一定的制约性。这种制约性具体表现在以下两个方面。

1. 功能对单一空间的制约

（1）量的制约。空间的大小、容积首先受到功能的限定。在实际工作中，一般以平面面积作为空间大小的设计依据。根据功能需要，满足起码的人体尺度和达到一种理想的舒适程度将会产生一个面积大小的上限和下限，在设计中一般不要超越这个限度。例如一间卧室，在 $10 \sim 20m^2$ 之间即可基本满足要求；一间 40 ~ 50 人的教室则需要 $50m^2$ 左右；而影剧院的观众厅如果按照 1000 个座位计算，面积大约为 $750m^2$。

同一幢建筑中不同用途的空间，大小亦有显著不同。以一个住宅单元为例，起居室是家庭成员最为集中的地方，而且活动内容可能比较多，因此面积应该最大；餐厅虽然人员也相对集中，但其中只发生进餐的行为，所以面积可以比起居室小；厨房通常情况下只有少数人员在同一时间使用，卫生间更是如此，因而只要足够容纳必要的设备和少量活动空间即可满足要求（图 3.63）。

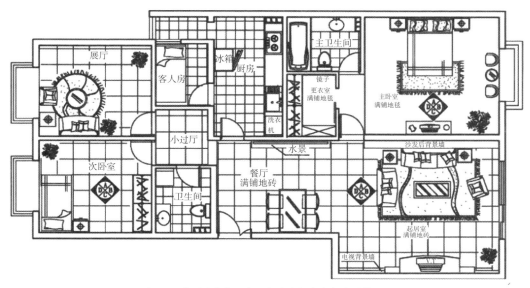

图3.63 受到功能的限定，每个空间大小亦有显著不同

（2）形的制约。功能除了对空间的大小有要求，还对空间的形状具有一定的影响。虽然在面积满足功能使用要求的前提下，某些空间对形状的要求不甚严格，但为了更好地发挥使用功能，总有某种最为适宜的空间形状可供选择。仍以住宅为例，一般来说，矩形的房间利于摆放家具，因此较受欢迎，异形的房间虽然颇有趣味，却不好布置家具而较少采用，除非在面积十分充裕的情况下（图3.64）。又比如教室，即使已经确定为矩形形状，其长、宽比例还有说法，过长会影响后排座位的视听效果，过宽又会使两侧位置出现反光现象，所以采用合适的长、宽比例才能解决各方面的问题（图3.65）。

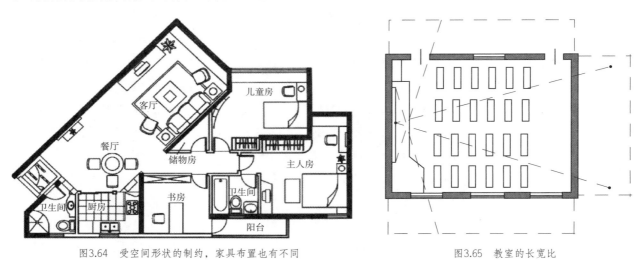

图3.64　受空间形状的制约，家具布置也有不同　　　　　图3.65　教室的长宽比

（3）质的制约。空间的"质"主要是指采光、通风、日照等相关条件，涉及房间的开窗和朝向等问题，少数特殊的房间还有温度、湿度以及其他一些技术要求，这些条件的好坏都直接影响空间的品质。房间的使用功能对空间的质具有很大的制约性，不同用途的空间需要不同的采光、通风和日照等条件，从而具有不同的开窗和朝向等方面的处理方法。例如居室的窗地比（窗户面积与房间面积之比）为1/10 ～ 1/8 就可以满足要求，而阅览室对采光的要求比较高，其窗地比应达到1/6 ～ 1/4。

2. 功能对多空间组合的制约

功能不仅对单一空间具有制约性，对多空间的组合也有很强的制约性，这种制约性的具体体现就是：必须根据建筑物的功能联系特点来选择与之相适应的空间组合形式。

建筑空间布局合理与否主要取决于各个房间的功能联系方式是否恰当。人在建筑空间中是一种动态因素，空间组合方式应该使人在空间中的活动十分便利，也就是交通方便、快捷，这样才是合理的布局。每一类型的建筑由于其使用性质不同，都会有各自不同的功能逻辑，因此空间组合方式也各有特色。例如教学楼、办公楼、宿舍、医院等建筑物一般采用走道式组合；展览性建筑物可将各个空间直接连接一起，空间关系非常流畅；而一些体育馆、火车站等大型公共建筑适合以小空间围绕主体空间的形式布局。

虽然建筑功能对空间有这样那样的制约性，但在具体设计实践中也不能被完全限制住，否则就会显得过于呆板、千篇一律，当然过于随心所欲也会陷入形式主义泥潭。只有辩证统一地看待功能与空间的关系，把握好制约性和灵活性的尺度，才能创造出既经济适用、又生动活泼的建筑形式来。

3.3.3　景观建筑空间的构成

人类对客观事物的认知过程包括感觉、知觉、记忆、表象、思维等心理活动，顺应这一认知过程，一般事物都由表面形态、内部结构和内在涵义等几个方面构成，景观建筑也不例外，包括外在形态、内部结构和内在涵义等几个方面。

1. 外在形态

景观建筑空间的形态是指空间的外部形式和表面特征。文艺复兴巨匠达·芬奇（L·da Vinci）曾经说过：建筑是属于视觉感受的艺术。建筑形象的美感是在视觉空间中展开的，形象思维在建筑设计领域中具有重要的作用，因为人对外界事物的认识往往是由感觉开始，感受事物的形式层面进而才进入意象层面和意义层面的。空间形态是景观建筑空间环境的基础，它决定着空间的整体效果，对空间环境气氛的塑造起关键性作用。对景观建筑空间做各种各样的处理，以达到不同的目的、要求，最后仍然归结到各种形式的空间形态中，因此，景观建筑空间形态构成一直是建筑师创作的焦点。景观建筑具体的形态构成与时代、地域、民族、使用对象以及建筑师个人等多方面因素有关，这些因素稍许不同，建筑空间形态也会表现各异。

空间的方位、大小、形状、轮廓、虚实、凹凸、色彩、质感、肌理以及组织关系等可感知的现象都属于景观建筑空间的形态。点、线、面和体是景观建筑空间造型的构成元素，景观建筑的整体造型就是这些元素在空间中的凝结与汇聚。另外，景观建筑空间形态根据其表面特征和呈现出来的态势，还有动态与静态、开放与封闭、确定与模糊等几种表现形式。

2. 内部结构

空间的内部结构，是指各功能系统间的一种组合关系，是隐含于空间形态中的组织网络，是支撑空间体系的几何构架。建筑空间的结构与其他有机体一样，其总体是由若干个分系统组成的，各分系统之间相互联系，相互依存既有分工，又有合作，统筹运转，有机结合，形成一种组织健全、相互协调运作的关系。然而，景观建筑空间结构不是自然形成的，而是人为构成的，它是设计师根据空间的逻辑关系和功能要求，并结合社会、文化和艺术等诸多因素经过综合、提炼和抽象出来的空间框架，并借助这种框架来诱导人在空间中的行为秩序。

景观建筑空间的结构是人为的一种图式，只有经过分析才能辨认；处在建筑环境中的人也不可能一目了然地了解空间的结构，同时也没有统一的格局和模式可以到处翻版套用。所以，景观建筑空间结构只能因对象的不同和规模的大小进行利用相似性思维来组织空间结构，对开拓设计思路大有裨益。

3. 内在涵义

景观建筑空间的涵义是指空间的内在意义层面，属于文化范畴，主要反映景观建筑空间的精神向度，是景观建筑空间的社会属性。景观建筑不单纯以其实体的造型、建筑风格和细部装饰等向人们传达某种文化信息，景观建筑空间同样具有十分深厚的文化内涵。

景观建筑作为其外廓实体和内蕴空间的统一体，既有实用性，又是一个文化的载体。自从人类进入文明社会以来，景观建筑空间就作为一种重要的社会文化载入人类文明的史册。纵观人类文明史，每一幢建筑都有其历史渊源，都刻下了历史的烙印。建筑与其他文化形式，如诗歌、文学、绘画、哲学等一起构成了人类的文化史。

景观建筑是时代的产物，是历史的见证，它强烈外化着人和社会的历史和现实，因此景观建筑空间的涵义也是不断发展变化的。景观建筑空间的涵义是一个动态因素，它既取决于环境的创造者、设计者、建设者以及使用者所赋予建成环境的意义之多少，又取决于在使用和体验中所发生的一系列行为。景观建筑空间被赋予的涵义将作为诱导因素，对身处其中的人的行为产生影响，而建成环境中发生的行为也是动态因素，两种因素相互影响、相互作用，彼此关联、不可分割，共同构成景观建筑空间的意义。

3.3.4　景观建筑空间的限定

景观建筑空间是怎么形成的？因为只有弄清空间的形成，才能真正组织好空间。景观建筑空间一般以为是由地板、天花板及四壁六个界面所构成。但这六个界面不一定都用实物体（如墙、屋顶、门窗、地板等）构成，而可以是多种多样的形态。空间几乎是和实体同时存在的，被实体要素限定的虚体才是空间。离开了实体的限定，室内空间常常就不存在了。因此，在景观建筑设计中，如何限定空间和组织空间，就成为首要的问题。

在设计领域，人们常常把被限定前的空间称之为原空间，把用于限定空间的构件等物质手段称之为限定元素。在原空间中限定出另一个空间，是景观建筑设计常用的手法，非常重要。

3.3.4.1　空间的限定

1. 围合

用围合的方法来限定空间是最典型的空间限定方法。如果我们把门、窗、墙一类的实物体理解为"围"的方式，就是构成空间的一种方法了。由此，就可以产生各种不同的围的方式，图3.66就是用"围"方式构成的景观建筑，缺的那一部分，你可以用意象性思维"补足"，又可以将这个缺口点相连，形成一个界面，图中缺的部分空间就是不确定空间，这种空间也可叫"暧昧空间"，能给人以情趣感。由于这些限定方法在质感、透明度、高低、疏密等方面的不同，其所形成的限定度也各有差异，相应的空间感觉亦不尽相同。

2. 设立

设立就是把限定元素设置于原空间中，而在该元素周围限定出一个新的空间的方式。在该限定元素的周围常常可以形成一种环形空间，限定元素本身亦经常可以成为吸引人们视线的焦点。这种空间的形成，是意象性的，而且空间的"边界"是不确定的。"设立"和"围合"正好是相反的情形，如果一种叫正空间 P（positive），则另一种就叫负空间 N（negative）。图3.67就是以"设立"来构成"纪念性空间"的。它的纪念性强度，一是由纪念碑本身的体量和形象特征所确定；二是与离纪念碑的距离有关，离纪念碑越远，强度越弱。

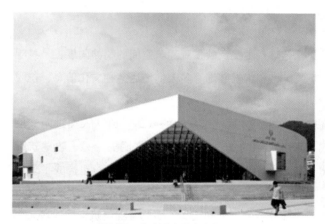

图3.66　通过围合限定空间

图3.67　通过设立限定空间

3. 覆盖

覆盖的方式限定空间亦是一种常用的方式，这就好比一个亭子，或者撑一把伞，形成一个临时性的空间。这种空间的特点是行为的自由，并有某种"关怀"、"保护"等作用，因为人对来自上空的袭击是很担心的。覆盖物的大小和高度，是覆盖强度的两个要素，正是由于这些覆盖物的存在，才使建筑空间具有遮强光和避风雨等特征。当然，作为抽象的概念，用于覆盖的限定元素应该是飘浮在空中的，但事实上很难做到这一点，因此，一般都采取在上面悬吊或在下面支撑限定元素的办法来限定空间。在景观建筑设计中，覆盖这一方法常用于比较高大的室外环境中，当然由于限定元素的透明度、质感以及离地距离等的不同，其所形成的限定效果也有所不同（图3.68）。

4. 凸起

凸起所形成的空间高出周围的地面，这种空间的限定强度，会随着凸起物的增高而增强。一般我国古代的"台"，就是"凸起"的典型方式。如北京天坛的圜丘，用了三层"凸起"（图3.69），强度当然就增大了，这也是有目的性的，因为在这个台上，是供皇帝祭天的。要注意的是由于这种空间比周围的空间要高，所以其性质是"显露"的。在景观建筑设计中，这种空间形式有强调、突出功能，当然有时亦具有限制人们活动的意味。

图3.68 通过覆盖限定空间

图3.69 通过凸起限定空间

5. 下沉

下沉这种空间性质与上面的一种相反，它是"隐蔽"性的，当然也有安全感，这种空间领域一般低于周围的空间。它既能为周围空间提供一处居高临下的视觉条件，而且易于营造一种静谧的气氛，同时亦有一定的限制人们活动的功能。如远古时代的居所，用半穴居就是这种空间性质。有些展示或办公空间，通过局部下沉限定出一个聚谈空间，增加了促膝谈心的情趣（图3.70）。

6. 悬架

悬架是指在原空间中，局部增设一层或多层空间的限定手法。上层空间的底面一般由吊杆悬吊、构件悬挑或由梁柱架起，这种方法有助于丰富空间效果，景观建筑设计中的局部挑起及挑檐处理就是典型案例。图3.71所示悬挑在空中的盒子体就有"漂浮"之感，趣味性很强。

图3.70 通过下沉限定空间

图3.71 通过悬架限定空间

7. 肌理、色彩、形状、照明等的变化

在景观建筑设计中，通过界面质感、色彩、形状及照明等的变化，也常常能限定空间。这些限定元素主要通过人的意识而发挥作用，一般而言，其限定度较低，属于一种抽象限定，虚拟性较强。但是当这种限定方式与某些规则或习俗等结合时，其限定度就会提高。例如，在一间房间里联欢，中间铺一块地毯作为演出区，人们围坐在房间的四周，那么，站在地毯上就算到了另一个空间，即演出区。

以上七种空间构成方式，在实际的设计中往往不是单独进行的，而是几种组合的，这种空间组合性构成，正符合景观建筑的目的性。

3.3.4.2　空间的限定度

通过围合、设立、覆盖、凸起、下沉、悬架、色彩肌理变化等方法就可以在原空间中限定出新的空间，然而由于限定元素本身的不同特点和不同的组合方式，其形成的空间限定的感觉也不尽相同，这时，我们可以用"限定度"来判别和比较限定程度的强弱。有些空间具有较强的限定度，有些则限定度比较弱。

1. 限定元素的特性与限定度

用于限定空间的限定元素，由于本身在质地、形式、大小、色彩等方面的差异，其所形成的空间限定度亦会有所不同。在通常情况下，限定元素的特性与限定度的关系，设计人员在设计时可以根据表3.1中不同的要求进行参考选择。

表 3.1　　　　　　　　　　　　　限定元素的特性与限定度的强弱

限定度强	限定度弱
限定元素高度较高	限定元素高度较低
限定元素宽度较宽	限定元素宽度较窄
限定元素为向心形状	限定元素为离心形状
限定元素本身封闭	限定元素本身开放
限定元素凹凸较少	限定元素凹凸较多
限定元素质地较硬、较粗	限定元素质地较软、较细
限定元素明度较低	限定元素明度较高
限定元素色彩鲜艳	限定元素色彩淡雅
限定元素移动困难	限定元素易于移动
限定元素与人距离较近	限定元素与人距离较远
视线无法通过限定元素	视线可以通过限定元素
限定元素的视线通过度低	限定元素的视线通过度高

2. 限定元素的组合方式与限定度

除了限定元素本身的特性之外，限定元素之间的组合方式与限定度亦存在着很大的关系。在现实生活中，不同限定元素具有不同的特征，加之其组合方式的不同，因而形成了一系列限定度各不相同的空间，创造了丰富多彩的空间感觉。由于建筑一般都由六个界面构成，所以为了分析问题的方便，可以假设各界面均为面状实体，以此突出限定元素的组合方式与限定度的关系。

（1）垂直面与底面的相互组合（图3.72）。

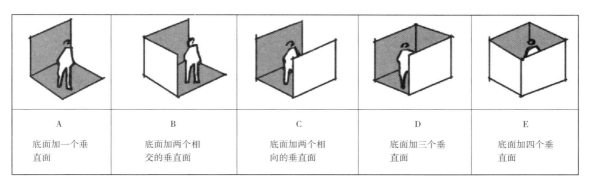

A	B	C	D	E
底面加一个垂直面	底面加两个相交的垂直面	底面加两个相向的垂直面	底面加三个垂直面	底面加四个垂直面

图3.72 垂直面与底面的相互组合

1）底面加一个垂直面。人在面向垂直限定元素时，对人的行动和视线有较强的限定作用。当人们背向垂直限定元素时，有一定的依靠感觉。

2）底面加两个相交的垂直面有一定的限定度与围合感。

3）底面加两个相向的垂直面。在面朝垂直限定元素时，有一定的限定感。若垂直限定元素具有较长的连续性时，则能提高限定度，空间亦易产生流动感，室外环境中的街道空间就是典例。

4）底面加三个垂直面。这种情况常常形成一种袋形空间，限定度比较高。当人们面向无限定元素的方向，则会产生"居中感"和"安心感"。

5）底面加四个垂直面。此时的限定度很大，能给人以强烈的封闭感，人的行动和视线均受到限定。

（2）顶面、垂直面与底面的组合（图 3.73 ）。

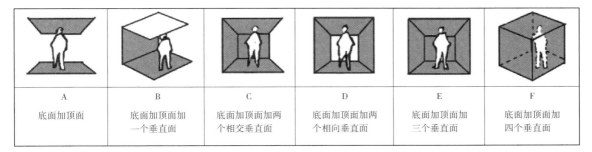

A	B	C	D	E	F
底面加顶面	底面加顶面加一个垂直面	底面加顶面加两个相交垂直面	底面加顶面加两个相向垂直面	底面加顶面加三个垂直面	底面加顶面加四个垂直面

图3.73 顶面、垂直面与底面的组合

1）底面加顶面，限定度弱，但有一定的隐蔽感与覆盖感。

2）底面加顶面加一个垂直面，此时空间由开放走向封闭，但限定度仍然较低。

3）底面加顶面加两个相交垂直面。如果人们面向垂直限定元素，则有限定度与封闭感，如果人们背向角落，则有一定的居中感。

4）底面加顶面加两个相向垂直面。产生一种管状空间，空间有流动感。若垂直限定元素长而连续时，则封闭性较强，隧道即为一例。

5）底面加顶面加三个垂直面。当人们面向没有垂直限定元素时，则有很强的安定感；反之，则有很强的限定度与封闭感。

6）底面加顶面加四个垂直面。这种构造给人以限定度高、空间封闭的感觉。

在实际工作中，正是由于限定元素组合方式的变化，加之各限定元素本身的特征不同，才使其所限定的空间的限定度也各不相同，由此产生了千变万化的空间效果，使我们的设计作品丰富多彩。

3.3.5 景观建筑空间构成手法分析

3.3.5.1 景观建筑空间的分类

景观建筑空间是一个复合型的、多义型的概念，很难以某种特定的参考系作为统一的分类标准。下面就景观建筑空间的几种常用分类方法作简要表述。

1. 从使用性质上分

建筑是人们为了某种使用目的而建造，根据不同的使用性质，可以将建筑空间大致分为以下几种类型。

（1）公共空间。凡是可以由社会成员共同使用的空间都可称作公共空间，例如剧场、图书馆、博物馆、商店、车站、机场等。公共空间的例子不胜枚举。

（2）半公共空间。是指介于城市公共空间与私密或专有空间之间的过渡性空间，例如居住建筑的楼梯间、走廊就属于半公共空间，办公建筑门前的休息廊、老人院的前庭等亦属此类。

（3）私密空间。由个人或家庭占有的空间一般都可称为私密空间。居住建筑空间便是典型的私密空间，这类建筑空间虽然种类单一，但数量极多。

（4）专有空间。是指供某一特定的行为或为某一特殊的集团服务的建筑空间，例如少年宫、福利院、某公司的办公楼……这些既非完全开放的公共空间，又不是私人使用的私密空间，故将其定义为专有空间。

2. 从边界形态上分

不同空间的形成主要是依靠界面的分隔，由于这些边界的形态各异，使得空间形态也各有不同。这里的不同，主要在于所限定空间的强度。

（1）封闭空间。封闭空间的界面相对较为封闭，限定性强烈，空间流动性小，这类建筑空间称为封闭空间。其特征是具有内向性、收敛性和向心性，人们在这类空间中具有很强的驻留性，能够产生领域感和安全感。一般住宅房间、小间的办公室、教室等都属于这种封闭空间。

（2）开敞空间。开敞空间是指界面非常开敞，对于空间的限定性非常弱的一类空间。其特征是具有通透性、流动性和发散性，与同等面积的封闭空间相比，会显得大一些，但此类空间的驻留性不强，私密性也不够。

3. 从空间态势上分

相对于围合空间的实体来说，空间是一种虚的东西，通过人们的主观感受和体验，可以产生某种态势，形成动与静的区别，还可以具有某种流动性。

（1）动态空间。动态空间是指空间没有明确的中心，具有很强的流动性，能产生强烈的动势。一般开放性的空间，由于没有固定的边界形态，因此都有很强的动势，交错组合在一起的空间也具有动态特征，另外曲线界面的空间亦可产生一种运行的、连续的动态感。

（2）静态空间。静态空间是指空间相对较为稳定，有一定的控制中心，人们在其中可以产生较强的驻留感。一般闭合的空间都属于静态空间，边界是规则几何形体的空间更具有稳定感，一些尽端空间也属于静态空间。

（3）流动空间。空间在垂直或水平方向上都采取象征性的分隔，保持最大限度的交融与连续，视线通透，交通无阻隔性或极小阻隔性，这种空间称为流动空间，其追求的是连续的、运动的特征。

4. 从空间的确定性上分

空间的限定并不总是很明确的，其确定性的程度不同，也会产生不同的空间类型。

（1）肯定空间。界面清晰、范围明确、具有领域感的空间称为肯定空间。一般私密性较强的封闭型空间常属此类。

（2）模糊空间。某些空间，其性状并不十分明确，常介于室内和室外、开敞和封闭等两种空间类型之间，其位置也常处于两部分空间之间，很难判定其归属，这样的空间称为模糊空间，也可称之为灰空间。

（3）虚拟空间。某些空间边界的限定非常弱，要依靠联想和人的完形心理从视觉上完成其空间形态的限定，这种空间称为虚拟空间。它仍处于原来的空间中，但又具有一定的独立性和领域感，如地面上的一块地毯、同一界面施以不同材质等手段都能够象征性地划分出某种虚拟空间。

3.3.5.2　景观建筑空间构成的手法分析

在理解了建筑的七种空间形成方式和景观建筑分类的基础上，进一步要说的是两个以上的空间的组合关系。景观建筑空间，可以用"语言学"的方式进一步认识它，把握它。空间，好比语言中的"词"。词必须组成句子才有实际的意义；空间也一样，必须组合成空间群才有实际的用途。

任何景观建筑空间的组织都应该是一个完整的系统，各个空间以某种结构方式联系在一起，既要有相互独立又能相互联系的各种功能场所，还要有方便快捷、舒适通畅的流线，形成一种连续、有序的有机整体。空间组合方式有很多种，选择的依据一是要考虑建筑本身的设计要求，如功能分区、交通组织、采光通风以及景观的需要等；二是要考虑建筑基地的外部条件，周围环境情况会限制或增加组合的方式，或者会促使空间组合对场地特点的取舍。根据不同空间组合的特征，概括起来有并列式、线形式、集中式、辐射式、组团式、网格式、庭院式、轴线对位式等（图3.74）。

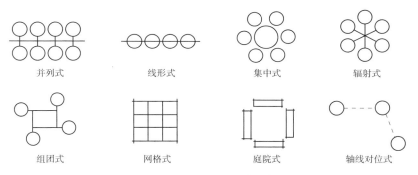

并列式　　　线形式　　　集中式　　　辐射式

组团式　　　网格式　　　庭院式　　　轴线对位式

图3.74　建筑空间组合方式的简图

1. 并列式组合

并列式空间就是将具有相同功能性质和结构特征的单元以重复的方式并列在一起。这类空间的形态基本上是近似的，互相之间不寻求次序关系，根据使用的需要可相互连通，也可不连通。例如住宅的单元之间就不需要连通，而教室、宿舍、医院、旅馆等则需要连通，一些单元式的疗养院、幼儿园等也可以不连通。这种方式是一种古老、简便的空间组合方式，适用于功能不复杂的建筑（图3.75）。

2. 线形式组合

线形组合就是各组合单元由于功能或审美方面的要求，先后次序关系明确，相互连接成线形空间，形成一个空间序列，故也称序列组合。这些空间可以逐个直接连接，也可以由一条联系纽带将各个分支统统连接起来，即所谓的"脊椎式"。前者适用于那些人们必须依次通过各部分空间的建筑，其组合形式也必然形成序列，如展览馆、纪念馆、陈列馆等；后者适用于分支较多、分支内部又较复杂的建筑空间，如综合医院、大型火车站、航站楼等。线形组合方式具有很强的适应性，易配合各种场地情况，线形可直可曲，还可以转折（图3.76）。

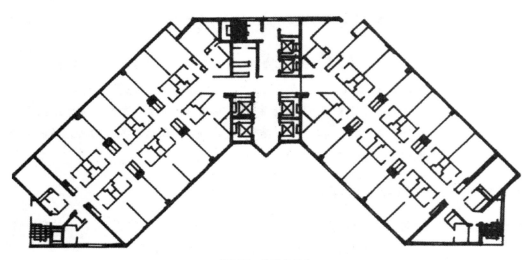

图3.75　并列式组合

图3.76　线形式组合

3. 集中式组合

集中式组合是一种稳定的向心式构图，它由一定数量的次要空间围绕一个大的占主导地位的中心空间构成。处于中心的统一空间一般为相对规则的形状，在尺寸上要大到足以将次要空间集结在其周围；次要空间的功能、体量可以完全相同，形成中心对称的形式，也可以不同，以适应功能、相对重要性、或场地环境的不同需要。一般来说，由于集中式组合本身没有方向性，其入口与引导部分多设于某个次要空间。这种组合方式适用于体育馆、大剧院、大型仓库等以大空间为主的建筑（图 3.77）。

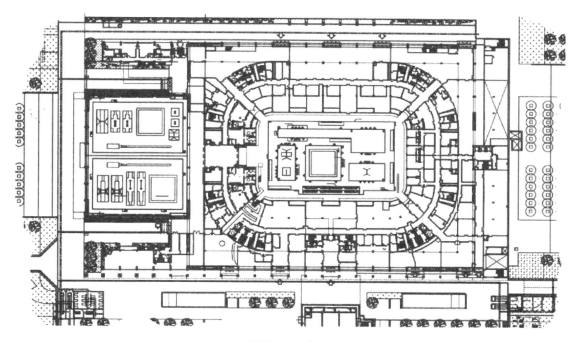

图3.77 集中式组合

4. 辐射式组合

这种空间组合方式中，线形式和集中式的要素兼而有之，由一个中央空间和若干向外辐射扩展的线形空间组合而成。辐射式组合空间通过线形的"臂膀"向外伸展，与环境之间发生犬牙交错的关系。这些线形空间的形态、结构、功能有相同的，也有不同的，其长度也可长可短，以适应不同地形的变化。这种空间组合方式常用于大型监狱、大型办公群体、山地旅馆等建筑（图 3.78）。

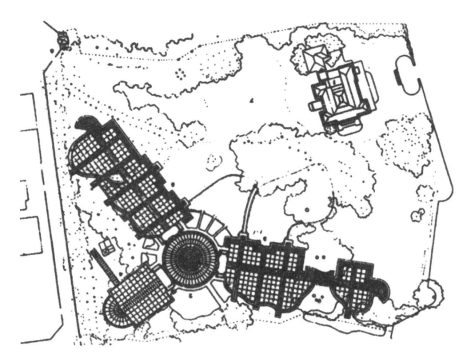

图3.78 辐射式组合

5. 组团式组合

组团式组合是把空间划分成几个组团，用交通空间将各个组团联系在一起形成的空间。组团内部功能相近或联系紧密，组团与组团之间关系松散；又或者各个组团是完全类似的，为了避免聚集在一起体量过大而将之划分为几个组团，这些组团具有共同的形态特征。组团之间的组合方式可以采用某种几何概念，如对称或呈三角形等。这种组合方式常用在一些疗养院、幼儿园、医院、文化馆、图书馆等建筑（图3.79）。

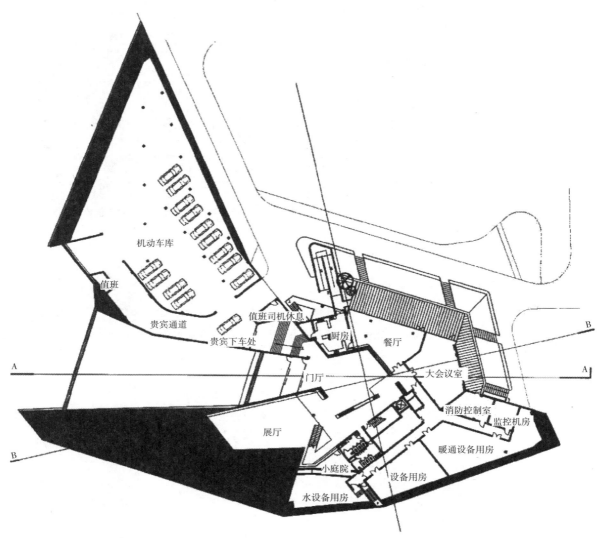

图3.79　组团式组合

6. 网格式组合

将一个三向度的网格作为空间的模数单元来进行空间组合的方式称为网格式组合，在建筑中，网格大都是通过骨架结构体系的梁柱来建立的。由于网格由重复的空间模数单元构成，因而可以进行增加、削减或层叠，而网格的同一性保持不变，可以用来较好地适应地形、限定入口等。按照这种方式组合的空间具有规则性和连续性的特点，而且结构标准化、构件种类少、受力均衡，建筑空间的轮廓规整而又富于变化，组合容易、适应性强，被广泛应用于各类建筑（图3.80）。

7. 庭院式组合

在某些场地比较开阔、风景比较优美的基地环境中，建筑空间的组合常采用松散式的布局，由各种房间或通廊围合成一个个庭院，每组自成体系，之间松散联系，各庭院有分有合。这种空间组合方式非常舒展、平缓，与环境密切结合，适用于风景区的度假村、乡村学校、乡村别墅等（图3.81）。

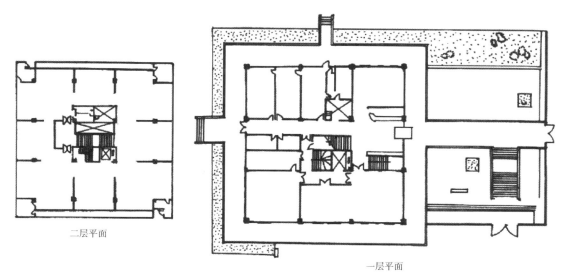

二层平面

一层平面

图3.80　网格式组合

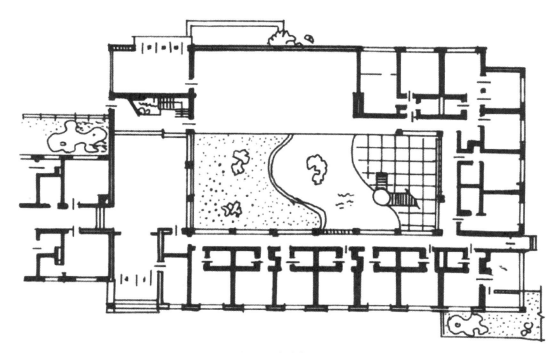

图3.81　庭院式组合

8. 轴线对位式组合

轴线对位式组合由轴线来对空间进行定位，并通过轴线关系将各个空间有效地组织起来。这种空间组合形式虽然没有明确的几何形状，但一切都由轴线控制，空间关系却非常清晰、有序。一个建筑中轴线可以有一条或多条，多条轴线有主有次，层次分明。轴线可以起到引导行为的作用，使空间序列更趋向有秩序性，在空间视觉效果上也呈现出一个连续的景观线。这种空间组合方式在中西方传统建筑空间中都曾大量运用，因而轴线往往具有了某种文化内涵。现代建筑中也常用这种手法来进行空间组合，出现了很多成功的作品（图3.82）。

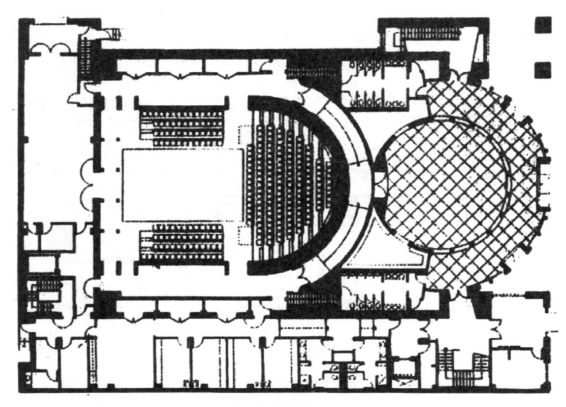

图3.82　轴线对位式组合

本 章 小 结

　　空间是建筑设计系统中最核心的元素，空间是建筑设计的出发点和归结点。因此，建筑空间设计几乎涵盖了建筑存在和生命力的基本要义。本章在阐释了景观建筑的主要内容及形式美法则之后，则重点论述了人的行为与空间尺度、景观建筑空间特性与功能、景观建筑空间的构成、景观建筑空间的限定、景观建筑形态的构成手法分析等内容，从人的行为与空间尺度的关系入手，从而揭示出现代景观建筑空间的特征，并且详细论述了景观建筑设计的空间处理手法、空间限定的处理方式。相信读者在学习本章节之后，在设计时能融会贯通，真正理解设计的内涵实质。

思考题与习题

1. 现代景观建筑的主要内容有哪些？

2. 现代景观建筑的设计原则有哪些？

3. 简述现代景观建筑设计的一般流程。

4. 现代景观建筑设计的形式美法则有哪些？并简述其作用。

5. 景观建筑空间是如何形成的？空间的限定有哪些？

6. 举例分析景观建筑空间的构成手法。

7. 试分析北京故宫空间组合关系与外部空间手法，图文结合。

8. 给出一平面布置图（教师随堂布置），分析其：①交通；②空间构成。

9. 给出一售楼处平面布置图，平面功能组织概要：①接待区；②展示区；③洽谈区；④签约区；⑤经理室；⑥财务室；⑦茶水房；⑧卫生间。

设计任务指导书

1. 设计题目：建筑空间体验分析

2. 作业目的

（1）通过相关资料阅读学习，了解并初步掌握建筑空间的一般性概念，包括建筑空间的基本构成要素、构成手法、空间的类型特点以及多个空间的组合方式。

（2）通过实地参观体验和具体分析，初步了解并认识影响具体空间质量效果的制约要素，如：具体空间的比例、空间的尺度、空间的边界及轮廓、空间的朝向、空间中的交通组织以及时间动态因素等。

（3）通过作业练习，初步了解并认识空间分析的简单方法步骤。

3. 作业要求

3～5人为一组，在校园内任选一建筑作为研究对象进行实地参观体验；要求每组同学在共同调研分析该空间的平面布局、立面轮廓、剖面比例以及交通组织的前提下，分工深入剖析该空间的构成要素、构成手法、类型特点、组合方式及其具体空间效果。每组完成的最终研究成果包括：

总平面图	1个	1：500
平面图	3～4个	1：100
立面图	3～4个	1：100
剖面图	1～2个	1：100
交通流线分析图	1个	1：100

最终成果要求用A3图纸徒手墨线绘制，其中文字书写应用仿宋字体。以小组为单位统一构图并装订成册提交。

参 考 文 献

[1] 马辉. 景观建筑设计理念与应用［M］. 北京：中国水利水电出版社，2010.

[2] 马克辛，李科. 现代园林景观设计［M］. 北京：高等教育出版社，2008.

[3] 薛文凯. 公共环境设施设计［M］. 沈阳：辽宁美术出版社，2006.

[4] 温全平. 城市森林规划理论与方法［M］. 南京：南京大学出版社，2010.

[5] 同济大学建筑系建筑设计基础教研室. 建筑形态设计基础［M］. 北京：中国建筑工业出版社，1991.

[6] 王琪. 建筑形态构成审美基础［M］. 北京：华中科技大学出版社，2009.

[7] 刘海波. 建筑形态与构成［M］. 北京：中国建筑工业出版社，2008.

[8] 毛白滔. 建筑空间解析［M］. 北京：高等教育出版社，2008.

[9] 王胜永. 景观建筑［M］. 北京：化学工业出版社，2009.

[10] 黄华明. 现代景观建筑设计［M］. 北京：华中科技大学出版社，2010.

[11] 彭一刚. 建筑空间组合论［M］. 2版. 北京：中国建筑工业出版社，2001.

［12］［日］小林克弘．建筑构成手法［M］.陈志华，王小盾译.北京：中国建筑工业出版社，2004.

［13］陈易.室内设计原理［M］.北京：中国建筑工业出版社，2006.

［14］刘芳，苗阳.建筑空间设计［M］.上海：同济大学出版社，2003.

［15］沈福煦.建筑设计手法［M］.上海：同济大学出版社，2005.

［16］胡小祎.地标景观建筑设计中城市文脉传承的运用方法研究［D］.武汉：武汉理工大学硕士论文，2009.

［17］http：//www.archgo.com/.

第4章
现代景观建筑的建构特征

● **学习目标**

1.掌握材料建构的可能性及构造的逻辑性，以便更加自由地利用材料的多样性去挖掘和发挥建筑表皮的潜在的表现力。

2.理解景观建筑的构造组成、设计原则以及常用的结构体系。

3.掌握各大类景观建筑小品的设计要点。

● **学习重点和建议**

1.运用建筑表皮理念建构现代景观建筑以及小品设计。

2.本章建议 12 学时。

4.1 景观建筑表皮

4.1.1 传统建筑材料

1. 天然石材

石材是非常耐久的材料，经历百年甚至千年之后仍可以使用。天然石材因产地和成分的不同，呈现出各种不同的质地、纹理和色彩，配合后期加工工艺的不同，又可以有多种的表面效果，为现代景观建筑创造了丰

图4.1　由天然石材装饰成的建筑外观

富、细腻的细节。这些加工效果不仅可以将不同石材的特殊性显示出来，还可以创造出多样的光影效果。因此，天然石材以其独特的色彩、纹理、质感和艺术表现力，广泛应用于环境艺术设计中。其中大理石、花岗石是装饰石材中最主要的两个种类，它们囊括了天然装饰石材99%以上的品种。

大理石是指以大理岩为代表的一类装饰石材，是由变质岩、沉积岩形成，主要成分是碳酸盐类。城市空气中的二氧化硫遇水后，对大理石中的方解石有腐蚀作用，即生成易溶的石膏，从而使其表面变得粗糙多孔，并失去光泽。但大理石吸水率小、杂质少、晶粒细小、纹理细密、质地坚硬（图4.1）。

花岗岩是指以硅酸盐为主的各种岩浆岩类岩石，包括火成岩、沉积岩等，质地较硬，耐磨性好，抗风化性及耐久性高，耐酸性好，但不耐火。使用年限可达数百年甚至上千年，世界上许多历史悠久的古建筑都是由花岗岩建造而成的。

花岗岩用于室外环境较多，而与花岗岩相比，大理石更适于室内设计及装修、雕刻、工艺品等。

2. 砖

对于景观建筑设计师们来说，砖块是用作外墙的一种理想的材料。砖因其固定的尺寸，方正的形状及自然的色彩而成为砌筑外墙的理想材料。砖不仅可以砌成围墙、挡土墙、建筑外墙，还可以砌成坐凳、分割性矮墙等。除此之外，砖还可以做成基础、路面、花池、水池等。经历了时间考验和细节设计精良的花园墙壁，可以成为景观设计师们自然的灵感源泉。

砖是烧结材料，取材于土地，从就地取材的角度讲算是最经济的建筑材料了。砖块经历了对土壤的开采、重新塑形和烧制过程后才得以成型，烧制原料有黏土或者研碎的页岩。它们是塑性较好、色彩丰富、坚固耐用的建筑材料。砖块相对较小的尺寸加上色彩、外表的润饰，可以创造出较多的变化。比如砖块在图案、接缝、外表的布局和工艺能力方面都具有行之有效的处理潜力，能给环境景观设计师激发无穷的创造能力。因此，利用砖的本身属性以及对其所进行的表面处理，能创造出无限的艺术魅力（图4.2）。

3. 木材

木材就树种而言可分为软木和硬木两大类。其中软木树干通直高大，纹理顺直，材质均匀，木质较软，强度较高，表现密度和胀缩变形较小，耐腐蚀性较强。常见的树种有松、杉、柏等。硬木树干通直部分较短，材质坚硬，较难加工，强度、表观密度较大，胀缩翘曲变形较大，易开裂，具有美丽天然纹理的树种有水曲、枫木、柚木、榆木等。

图4.2　著名建筑师张雷设计的江苏高淳砖房

概括地讲木材具有以下特点：质轻而强度高、弹性和韧性好、导热系数小、含水率高，具有较好的耐久性。另外，木材还具有独特的装饰性能如下。

（1）纹理美观。天然生长具有的自然纹理，使木材装饰品更加典雅、亲切、温和。如直线条纹、不均匀直细条纹、疏密不均的细纹、断续细直纹、山形花纹等，可谓千姿百态。

（2）色泽柔和，富有弹性，具有乳白色、粉红色、红棕色、深棕色、枣红色等色彩肌理等。

（3）经加工处理后不易变形，使其实用性更为广泛。

（4）易涂饰，更具有装饰性。

充分运用木材的装饰特性，最大限度地发挥木材特性在整体效果中的作用，注意材质的协调、色彩的协调、异类的组合，以达到更为完美的装饰效果（如木材与金属的结合体现坚硬和耀眼的表面效果，木材与玻璃的组合体现了古朴和现代的交流，木地板与仿木壁纸组合，完成了空间效果的创造）是现代景观建筑设计的要求。建筑木材主要用于廊架、栏杆、平台、码头、坐凳、窗框等（图4.3、图4.4）。

图4.3　通过木材的装饰特性，使建筑的整体达到了更为完美的自然效果

图4.4　传统木材制作的过道，朴实清新

科学技术的进步使建筑材料的多样选择成为可能。除了传统的木、石、砖以外，面砖、钢、玻璃、混凝土、不锈钢、新型耐久涂料以及各种新型材料的发明与应用，极大地充实着建筑材料的内容，使建筑师更加自由地利用多样可供选择的材料去挖掘和发挥材料的潜在表现力（图4.5～图4.8）。同时各种非建筑材料如纸、薄膜等过去不是建筑的材料也成为构筑的材料，这些都彻底颠覆了人们对传统材料的固有认识，影响着景观建筑创作的表达。

图4.5　用钢材制作的装置小品

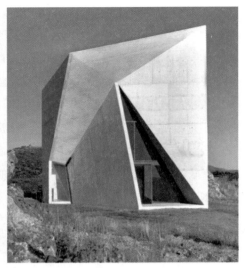

图4.6　用混凝土材料表现的建筑外观

图4.7　扎哈·哈迪德设计的广州歌剧院

图4.8　2010年上海世博会葡萄牙馆

4.1.2　会呼吸的皮肤

探索与创造具有生命特征的"生命空间"，在现代建筑运动中早已出现，当代建筑学者、建筑设计师们继承和发展了关于建筑"生命空间"、"生命机能"的探讨，并进行了各种实验性的建筑设计。在此基础上，建筑表皮作为建筑的重要组成构件，对其"生命机能"的探索研究，成为当代众多建筑学者和建筑设计师共同关注的课题。

现代建筑运动的开拓者柯布西耶、赖特在 20 世纪初，就开始了对"生命空间"的探索。柯布探寻建筑的"活"化特征，认为建筑是具生物学意义的有机"生物体"；赖特说建筑是"活"的，并且处于连续不断地发展进化之中；阿尔托提出了"生长的住宅"的新概念，这不仅反映了他追求自然形式和探求自然本质的热情，而且也表现出他在建筑造型设计中注重生长和变化的愿望。当代建筑学者、建筑设计师们继承和发展了关于建筑"生命空间""生命机能"的探讨，并进行了各种实验性的建筑设计，指出了建筑未来发展的方向。

建筑表皮作为建筑的重要构成组成部分，是建筑的保护层，它不仅定义了内部空间，还定义了相邻的外部空间，成为了建筑的名片，建筑表皮一词是将建筑与有机生物做了一个类比，一些建筑师认为建筑的表皮应该像动物的皮肤一样，拥有能够保护建筑、调节室内的温度、排出室内污浊空气以及为适应外界环境而发生改变的作用。

基于新的有机建筑理论、生态建筑理论以及智能建筑理论的发展，许多建筑师回归建筑本体，以建构为设计的出发点，表皮被认知为"有机体"有着自主性的组织结构。因此，表皮的构造方式和材料的潜在本质成为表现的一大趋势。在新技术和新思维的引导下，建筑师采用清晰的构造方式，将传统的材料重新加工整理，展示出真实的质感，组合出一种有着独特美感的表皮。赫尔佐格＆德梅隆在纳帕山谷葡萄酒工厂管理用房的设计中，独特的编织表皮成为建筑的一大亮点（图4.9）。它用钢丝网编织成方形的笼子，将不规则的天然石块杂乱地堆在里面，装满石块的钢丝笼子被固定在龙骨上，形成了独立于其保温作用的填充墙和玻璃窗之外的一层外部装饰表皮。这些石头取自当地的火山岩，有绿色、黑色等不同颜色，与周边景致优美地融为一体。根据内部功能的不同，编织的金属铁笼的网眼有不同大小规格，具有一种变化的透明特质，光线透过不同疏密的石头间隙产生不同凡响的光影效果。这些建筑表皮纯粹就是对表皮材料的表达和建构的表现，是对表皮自然属性的真实表达，形成了新的建筑审美。

生态建筑概念的出现为建筑表皮提供了新的发展契机。人们运用建筑的仿生概念发展出了可以呼吸的表皮，这种表皮可以随着昼夜与四季的变化而调节姿态，在节约能源的同时提供室内更舒适、更健康的微环境。它所承担的社会责任超越了单纯由美学出发的表皮研究，是生态技术与建筑美学的结合。诺曼·福斯特运用新技术手段，使伦敦市政厅的表皮具有"呼吸"的机能（图4.10）。该建筑的体型比较独特，没有常规意义上的正面或背面。它的造型是一个变形的球体，一侧内倾形成自身的阴影，可以减弱日光的热辐射；通过内倾部分表皮的装置，新鲜的空气可以被吸入建筑内部，再通过风道上升的吸引力，新鲜的空气被输送到内部的各个空间，而建筑排出的废气则被抽向地下的装置，排到外面。建筑内倾部分的表皮设置了可开启的窗户，也起着空气交换的作用，形成表皮的"呼吸"。

图4.9　赫尔佐格&德梅隆设计的纳帕山谷葡萄酒工厂　　　　　图4.10　诺曼·福斯特设计的伦敦市政厅

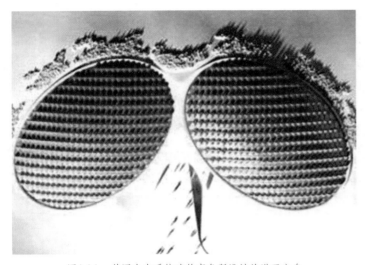

图4.11 英国未来系统建筑事务所设计的诺亚方舟

一些当代建筑师基于建筑生态学和仿生学的发展，努力探索微观的动植物皮肤结构，并对其皮肤结构形式进行模仿，从而探寻建筑表皮的"呼吸"机能。英国"未来系统建筑事务所"设计的"诺亚方舟"，其建筑表皮就是模仿了蝴蝶吃饱之后皮肤呈现出来的结构形态（图4.11）。根据这种设计理念，设计师建造了具有"呼吸"机能的建筑。该建筑物为双层表皮结构，其表面规律地排列着一排排的圆孔，这些圆孔是为确保建筑的通风而设计的，它们相当于有机生物皮肤的毛孔，能够排除多余热量，有利于皮肤的"呼吸"。

4.2 景观建筑构造

4.2.1 景观建筑构造组成及其作用

1. 景观建筑物的构造组成

一幢建筑通常是由结构支撑系统、围护分隔系统、相关的设备系统以及其他辅助部分共同组成。

结构支撑系统起到建筑骨架的作用，一般是由基础、墙、柱、梁、楼板、屋盖等组成；围护分隔系统起到围合和分隔空间的作用，一般是由不承重的墙等组成；设备系统是建筑正常使用的保障，包括强弱电、给排水、暖通空调等；其他辅助部分包括女儿墙、窗台、雨篷等（图4.12）。

2. 建筑物各组成部分的作用

（1）基础。基础是建筑物底部与地基接触的承重结构，它是建筑物的组成部分。它承受建筑物上部传下来的全部荷载，并将这些荷载连同自身的重量一起传给地基。因此，基础必须坚固、稳定而可靠，并能抵御地下各种因素的侵蚀。

（2）墙、柱。墙是建筑物的承重构件和围护构件。作为承重构件，承受着建筑物由屋顶或楼板层传来的荷载，并将这些荷载再传给基础；作为围护构件，外墙起着抵御自然界各种因素对室内的侵袭作用；内墙起着分隔空间、组成房间、隔声、遮挡视线

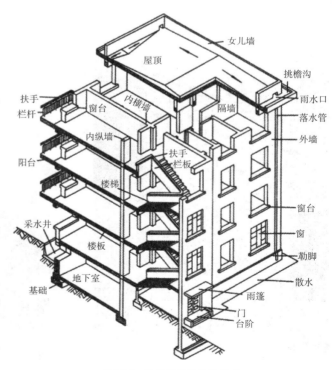

图4.12 景观建筑的构造组成

118

以及保证室内环境舒适的作用。为此，要求墙体根据功能的不同，分别具有足够的强度、稳定性、保温、隔热、隔声、防火、防水等能力，以及具有一定的经济性和耐久性。

柱是结构的主要承重构件，和承重墙一样承受屋顶和楼板层传来的荷载，它必须具有足够的强度和刚度。

（3）楼地层。楼地层包括楼板层和地坪层。楼板层是水平分隔房间的承重构件，并用来分隔上下楼层空间。它支承着人和家具设备的荷载并将这些荷载及自重传递给墙、梁、柱，直至基础。同时还对墙身及柱起着支撑的作用。楼板层应具有足够的强度和刚度及隔声、防火、防水及热工等性能。楼板层通常是由面层、楼板、顶棚三部分组成。

地坪层是建筑物底层与土壤相接触的部分，和楼板层一样，它承受底层地面上的荷载，并将荷载均匀传给地基。地坪层要求具有均匀传力、坚固、耐磨、易清洁、防潮、防水和保温等不同的性能。地坪层主要由面层、结构层、垫层和素土夯实构成。根据需要还可以设各种附加层，如找平层、结合层、防潮层、保温层、管道敷设层等。

（4）楼梯。楼梯是房屋的重要垂直交通设施，作为人们上下楼层和发生紧急情况疏散人流之用，故要求楼梯具有足够的通行能力，并做到坚固、安全、防火、防滑等功能。楼梯是建筑构造的重点和难点，楼梯构造设计灵活、综合性强，在建筑设计及构造设计中应予高度重视。楼梯主要由梯段、平台、栏杆扶手组成（图4.13）。

（5）屋顶。屋顶是房屋顶部的外围护构件，抵御自然界风霜、雨雪、太阳辐射、气温变化和其他外界的不利因素，为屋顶覆盖下的空间提供一个良好的使用环境。在结构上屋顶是房屋的承重结构，承受风、雪和屋顶构造的荷载及施工期间的荷载，并将这些荷载连同自身的重量传给垂直方向的承重构件，同时还起着对屋顶上部的水平支撑作用。因此，要求屋顶必须具有足够的强度、刚度、整体空间的稳定性以及防水、保温、隔热等的能力。

（6）门窗。门主要是供人们内外交通和隔离房间之用。窗主要是用来采光和通风，同时也起分隔和围护作用。处于外墙上的门窗又是外围护构件的一部分，门和窗均属非承重构件，应具有保温、隔热、隔声、防水等能力。

一座建筑物除上述基本组成构件外，还有一些附属部分，如阳台、雨篷、台阶、坡道、散水、管道井等。组成房屋的各部分各自起着不同的作用，但归纳起来有两大部分，即承重结构和围护构件。基础、柱、楼板等属于承重结构，门窗等属于围护构件，有些部分既是承重结构也是围护构件，如墙和屋顶。

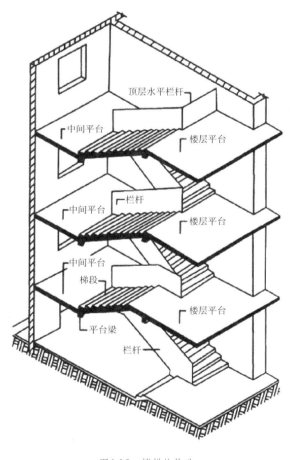

图4.13 楼梯的构造

4.2.2 景观建筑构造的设计原则

在满足景观建筑物各项功能要求的前提下，必须综合运用有关技术知识，遵循以下设计原则：

1. 坚固适用

由于景观建筑物使用性质和所处条件、环境的不同，对建筑构造设计有不同的要求。如北方地区要求建筑在冬季保温，南方地区则要求建筑能通风、隔热，对要求有良好声环境的建筑则要考虑吸声、隔声等。总之，为了满足使用功能要求，在构造设计时，必须综合有关技术知识进行合理的设计，以便选择、确定经济合理的构造方案。

景观建筑物除根据荷载大小、结构的要求确定构件的必须尺度外，对一些建筑配件的设计，如阳台、楼梯的栏杆、顶棚、墙面、地面的装修，门、窗与墙体的结合以及抗震加固等，都必须在构造上采取必要的措施，以确保建筑物在使用时安全可靠，经久耐用。

2. 技术先进

为了提高建设速度、改善劳动条件、保证施工质量，在构造设计时，应大力推广先进技术，选用各种新型建筑材料，特别是节能环保材料，采用标准设计和定型构件。从材料、结构、施工等方面引入先进技术，同时选用材料必须注意因地制宜，不脱离实际。

3. 经济合理

在构造设计中，应该注意整体建筑物的经济效益。既要注意降低建筑造价，减少材料的能源消耗，又要有利于降低运行、维修和管理的费用，考虑其综合的经济效益。在选用材料上应就地取材、提倡节约、降低造价，同时，还必须保证工程质量。

4. 美观大方

景观建筑构造设计是建筑设计的进一步深化，构造方案的处理还要考虑其造型、尺度、质感、色彩等艺术和美观问题。因此，构造设计是景观建筑设计的重要组成部分，构造设计应和建筑设计一样，遵循适用、经济和美观的原则。

4.2.3 建筑类型与其常用结构体系

建筑结构是指建筑物中由承重构件组成的起承重作用的平面或空间体系。结构必须具有足够的强度、刚度、稳定性，用来承受作用在建筑物、构筑物上的各种荷载。不同类型的结构体系，由于其所用材料、构件构成关系以及力学特征等方面的差异，其所适用的建筑类型是不尽相同的。在设计时，除了合理性以及经济方面的考虑外，还应通过比较和优化，尽量使结构方案能够与建筑设计相互协调、相互融合，以便更好地满足建筑物在空间功能以及美学、风格等各方面的要求。

按建筑物承重结构体系，建筑结构可分为：墙体承重结构、骨架承重结构和空间承重结构三大类。

1. 墙体承重结构

墙体承重结构是以部分或全部建筑外墙以及若干固定不变的建筑内墙作为垂直支承的一种体系。根据建筑物的建造材料及高度、荷载等要求，主要分为砌体墙承重的混合结构和钢筋混凝土墙体承重结构。前者主要用于低层和多层的建筑，而后者则适用于各种高度的建筑。

（1）砌体墙承重结构。砌体墙承重结构亦称为混合结构，竖向承重构件采用砖墙或砖柱，水平承重构件采用钢筋混凝土楼板、屋面板，也包括少量的屋顶采用木屋架。砌体墙承重结构的优点是：容易就地取材，砖、石或砌体砌块具有良好的耐火性和较好的耐久性，砌体砌筑时不需要模板和特殊的施工设备。其缺点是：与钢和混凝土相比，砌体的强度较低，因而构件的截面尺寸较大，材料用量多，自重大，砌体的砌筑基本上是手工方式，施工劳动量大，砌体的抗拉和抗剪强度都很低，因而抗震性较差，在使用上受到一定限制。

常见的砌体墙承重结构有砖木结构和砖混结构两种。

1）砖木结构。承重墙体为砖墙，楼层及屋顶由木材承重的建筑称为砖木结构。楼层由木龙骨、木楼板及木顶棚组成，屋顶由木屋架、木檩条、木望板组成。这种结构的建筑使用舒适，屋顶较轻，取材方便，造价较低，但防火和防震较差，楼层刚度较差，多用于3层以下民居和办公室，在木材紧缺的地区不宜使用（图4.14）。

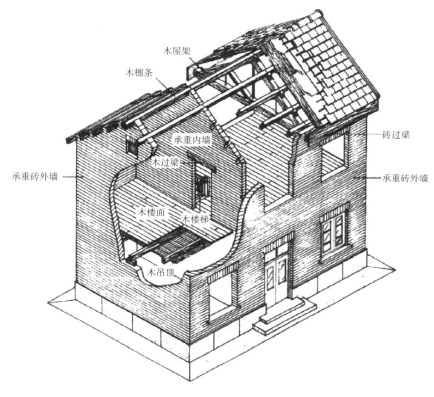

图4.14　砖木结构建筑

2）砖混结构。承重墙体为砖墙、楼层和屋顶为钢筋混凝土梁板的建筑称为砖混结构。墙体中可设置钢筋混凝土圈梁和构造柱。楼层和屋顶结构可用现浇或预制梁板，屋顶可做成坡顶或平顶（图4.15）。这类结构整体性、耐久性和耐火性较好，取材方便，施工不需大型起重设备，造价一般，在产砖地区及地震烈度小于7度的地区广为采用，但自重较大，耗砖较多，因而仅适合于7层以下、层高较小、空间小、投资较少的住宅和办公建筑等。

（2）钢筋混凝土墙体承重。钢筋混凝土墙体承重的承重墙可以分为预制装配和现浇两种主要形式。

1）预制装配式钢筋混凝土墙体承重。在预制装配式钢筋混凝土墙体承重中，钢筋混凝土墙板和钢筋混凝土楼板在工厂预制加工后运到现场安装。由于建造的工业化程度较高，构件需要标准化生产，而且对装配节点有严格的结构和构造方面的要求，因此建筑平面相对较为规整，往往以横墙承重居多，使用不够灵活（图4.16）。

2）现浇钢筋混凝土墙体承重。

①剪力墙结构。剪力墙结构是利用建筑的内墙或外墙做成剪力墙以承受垂直和水平荷载的结构。剪力墙一般为钢筋混凝土墙，高度和宽度可与整栋建筑相同。因其承受的主要荷载是水平荷载，使它受剪受弯，所以称为剪力墙，以便与一般承受垂直荷载的墙体相区别。剪力墙的厚度一般不小于200mm，混凝土的强度等级不低于C30，配置双排密集的钢筋网，必须整体浇筑，且对开设洞口有严格限制，故而剪力墙结构的建筑使用功能和外观形式都受到一定影响。剪力墙结构的侧向刚度很大，变形小，既承重又围护，适用于住宅（图4.17）。

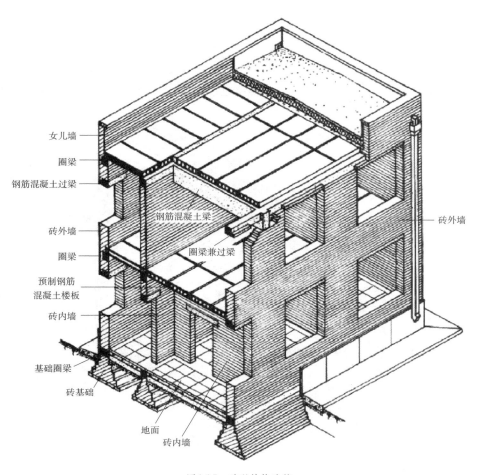

图4.15 砖混结构建筑

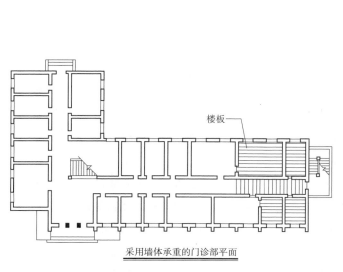

采用墙体承重的门诊部平面

图4.16 预制装配式钢筋混凝土墙体

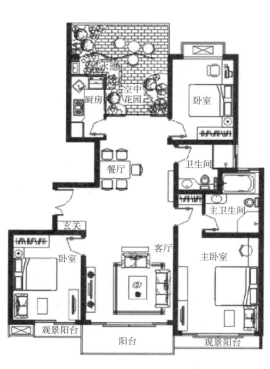

图4.17 剪力墙结构

②短肢剪力墙结构。近年来随着人们对住宅，特别是小高层及多层住宅平面布局的要求越来越高，原来普通框架结构的露柱露梁、普通剪力墙结构对建筑空间的严格限定与分隔已不能满足人们对住宅空间的要求。于是经过不断的实践和改进，以剪力墙为基础，并吸取框架的优点，逐步发展而形成一种能较好适应小高层住宅建筑的结构体系，即所谓"短肢剪力墙"结构体系（图4.18）。短肢剪力墙是指墙肢截面高度与厚度之比为5∶8的剪力墙，而且通常采用T形、L形、十字形等。当这些墙肢截面高度与墙厚之比不大于3时，它已接近于柱的形式，但并非是方柱，因此称为"异形柱"。

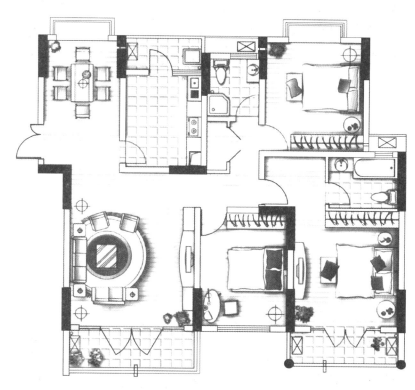

图4.18 短肢剪力墙结构

③清水混凝土墙结构。混凝土不仅作为承重结构，而且直接利用它作为室内外饰面材料的建筑。利用混凝土创造感人空间，是许多现代建筑师的偏好（图4.19～图4.21）。

图4.19 安藤忠雄设计的水之教堂

图4.20 阿尔瓦·阿尔托设计的波尔图建筑学院

图4.21　扎哈·哈迪德设计的奥德鲁普戈德博物馆

2. 骨架承重结构

骨架承重结构与墙体承重结构的不同在于用两根柱子和一根横梁来取代一片承重墙。这样原来在墙承重结构中被承重墙体占据的空间就尽可能地给释放了出来，使得建筑结构构件所占据的空间大大减少，而且在骨架结构承重中，内、外墙均不承重，可以灵活布置和移动，因此较适用于那些需要灵活分隔空间的建筑物，或是内部空旷的建筑物，而且建筑立面处理也较为灵活多变（图4.22）。

图4.22　勒·柯布西耶设计的萨伏伊别墅

（1）框架结构。框架结构是由梁和柱组成承重体系的结构。主梁、柱和基础构成平面框架，各平面框架再由连系梁连接起来而形成框架体系。框架结构的最大特点是承重构件与围护构件有明确分工，建筑的内外墙处理十分灵活，可以形成较大的空间，但抵抗水平荷载的能力较差（图4.23）。

（2）框剪、筒体结构。框架剪力墙结构是指由若干个框架和剪力墙共同作为竖向承重结构的建筑结构体系。在这种结构中，框架和剪力墙是协同工作的，框架主要承受垂直荷载，剪力墙主要承受水平荷载，这种结构形式即称作框架剪力墙，简称"框剪"（图4.24），多用于柱距较大和层高较高的高层公共建筑中。

筒体结构指由一个或数个筒体作为主要抗侧力构件而形成的结构。筒体是由密柱框架或空间剪力墙所组成，主要承受水平荷载。筒体内多作为电梯、楼梯和垂直管线的通道。筒体结构的空间结构有很大的抗侧力刚度和抗扭能力，同时剪力墙集中布置使建筑平面设计具有很大的灵活性，因此，主要用于各种高层和超高层塔式公共建筑（图4.25）。

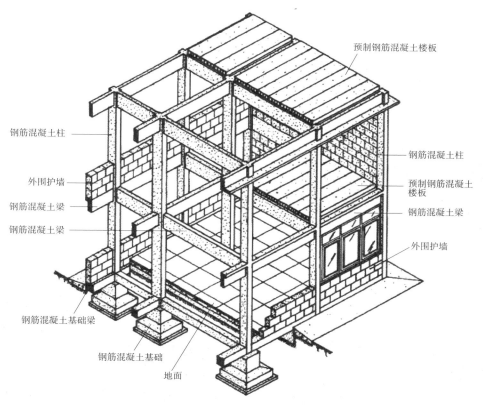

预制钢筋混凝土楼板

钢筋混凝土柱

外围护墙

钢筋混凝土梁

钢筋混凝土梁

钢筋混凝土柱

预制钢筋混凝土楼板

钢筋混凝土梁

外围护墙

钢筋混凝土基础梁

钢筋混凝土基础

地面

图4.23 框架结构

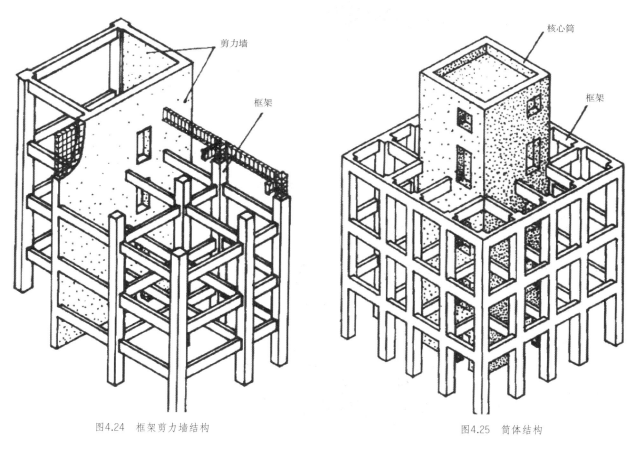

剪力墙

框架

核心筒

框架

图4.24 框架剪力墙结构

图4.25 筒体结构

图4.26　钢结构

（3）板柱结构。由楼板和柱组成承重体系的房屋结构。它的特点是室内楼板下没有梁，空间通畅简洁，平面布置灵活，能降低建筑物层高。适用于多层厂房、仓库，公共建筑的大厅，也可用于办公楼和住宅等。板柱结构一般以钢筋混凝土材料为主。

（4）钢结构。用钢材组成骨架，用轻质块材、板材作围护外墙和分隔内墙的建筑。这种结构的整体性、刚度和柔性均好，自重较轻，工业化施工程度高，施工受季节影响少，但耗钢量大，施工难度高，耐火性较差，受气温变化引起的变形较大，多用于建造大跨度公共建筑，超高层建筑（图4.26～图4.28）。

图4.27　赫尔佐格&德梅隆设计的2008年北京奥运会主场馆鸟巢

图4.28　2010年上海世博会澳大利亚馆

（5）木结构。竖向承重结构和横向承重结构均为木材的建筑。它由木柱、木屋架、木檩条组成骨架一般用榫卯、齿、螺栓、钉、销、胶等连接，内外墙可用砖、石、坯、木板、席箔等材料做成，均为不承重的围护性构造。木结构建筑施工简单，取材方便，抗震性较好，造价较低，但耗木料较多，耐火性差，空间受限，耐久性差，多见于传统民居和寺庙（图4.29～图4.31）。

图4.29　以木结构为主的别墅设计

图4.30 典型的木结构建筑

图4.31 以木质材料装饰而成的建筑外观

3. 空间承重结构

空间承重结构是指承重构件或杆件布置呈空间状，并在荷载作用下具有三维受力的结构。空间结构各向受力，可以较为充分地发挥材料的性能，因而结构自重小，是覆盖大型空间的理想结构形式。

常用的空间结构有薄壳、网架、悬索、膜结构等以及它们的混合形式。

（1）薄壳结构。建筑工程中的壳体结构多属薄壳结构。

薄壳结构按曲面形成可分为旋转壳与移动壳；按建造材料分为钢筋混凝土薄壳、砖薄壳、钢薄壳和复合材料薄壳等。

薄壳结构具有十分良好的承载性能，能以很小的厚度承受相当大的荷载。壳体结构的强度和刚度主要是利用了其几何形状的合理性，以材料直接受压来代替弯曲内力，从而充分发挥材料的潜力。因此壳体结构是一种强度高、刚度大、材料省的既经济又合理的结构形式。多用于会堂、市场、食堂、剧场、体育馆等建筑（图4.32、图4.33）。

（2）网架、网壳结构。

1）网架结构。由多根杆件按照某种规律的几何图形通过节点连接起来的空间结构称之为网格结构，其中双层或多层平板形网格结构称为网架结构或网架。它通常是采用钢管或型钢材料制作而成。网架结构的主要特点是传力途径简捷；重量轻、刚度大、抗震性能好；施工安装简便；网架杆件和节点便于定型化、商品化、可批量生产，有利于提高生产效率；网架的平面布置灵活，屋盖平整，有利于吊顶、安装管道和设备；网架的建筑造型轻巧、美观、大方，便于灵活处理和装饰（图4.34、图4.35）。

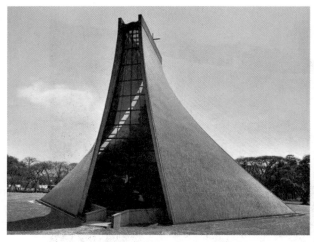

图4.32　贝聿铭设计的东海大学路斯义教堂

图4.33　巴西议会大厦

图4.34　福斯特设计的阿琳·科戈德庭院

图4.35　网架结构建筑

2）网壳结构。曲面形网格结构称为网壳结构，有单层网壳和双层网壳之分。网壳的用材主要有钢网壳、木网壳、钢筋混凝土网壳等。

网壳结构的形式主要有球面网壳、双曲面网壳、圆柱面网壳、双曲抛物面网壳等。

网壳结构主要特点兼有杆系结构和薄壳结构的主要特性，杆件比较单一，受力比较合理；结构的刚度大、跨越能力大；可以用小型构件组装成大型空间，小型构件和连接节点可以在工厂预制；安装简便，不需大型机具设备，综合经济指标较好；造型丰富多彩，不论是建筑平面还是空间曲面外形，都可根据创作要求任意选取（图 4.36、图 4.37）。

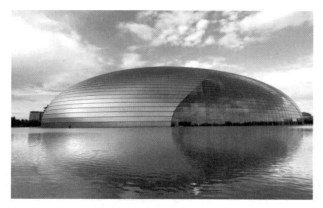

图4.36　安德鲁设计的国家大剧院

图4.37　丹下健三设计的代代木体育馆

（3）悬索结构。悬索结构是以能受拉的索作为基本承重构件，并将索按照一定规律布置所构成的一类结构体系，悬索屋盖结构通常由悬索系统、屋面系统和支撑系统三部分构成。用于悬索结构的钢索大多采用由高强钢丝组成的平行钢丝束，钢绞线或钢缆绳等，也可采用圆钢、型钢、带钢或钢板等材料。

悬索结构的受力特点是仅通过索的轴向拉伸来抵抗外荷载的作用，结构中不出现弯矩和剪力效应，可充分利用钢材的强度；悬索结构形式多样，布置灵活，并能适应多种建筑平面。由于钢索的自重很小，屋盖结构较轻，安装不需要大型起重设备，但悬索结构的分析设计理论与常规结构相比，比较复杂，限制了它的广泛应用。对于建筑而言，由于悬索显示出柔韧的状态，使得结构形式轻巧且具有动感（图4.38）。悬索结构除在建筑工程中使用外，还广泛运用于桥梁等工程中（图4.39）。

图4.38　福斯特设计的千年穹顶

图4.39　悬索结构在桥梁工程中的应用

图4.40　2008年北京奥运会游泳馆外观（局部）

（4）膜结构。薄膜结构也称为织物结构，是20世纪中叶发展起来的一种新型大跨度空间结构形式。它以性能优良的柔软织物为材料，由膜内空气压力支承膜面，或利用柔性钢索或刚性支承结构使膜产生一定的预张力，从而形成具有一定刚度、能够覆盖大空间的结构体系。膜结构的主要形式有空气支承膜结构、张拉式膜结构、骨架支承膜结构等。膜结构主要特点是自重轻、跨度大；建筑造型自由丰富；施工方便；具有良好的经济性和较高的安全性；透光性和自结性好；耐久性较差。薄膜结构材质轻薄透光、表面光洁亮丽、形状飘逸多变，其造型自由、轻巧、柔美，充满力量感，备受人们欢迎（图4.40～图4.42）。

图4.41　薄膜结构在体育场馆中的应用

图4.42　薄膜结构在桥梁工程中的应用

4.3　景观建筑小品的建构

4.3.1　景观建筑小品概述

现代景观建筑小品泛指城市公园、庭院、自然风景区、公共绿地中体量较小的建筑、雕塑和装置等。现代景观建筑小品不仅具有多种使用功能，而且对环境具有极大的影响，是造景中举足轻重的一部分。由于它的功能简明、体量小巧、造型新颖，以其灵活多变的特点适用于任何景观环境。

现代景观建筑小品作为城市公共空间中的一种"主体"或"生产主体"，它必然有着自己内在的价值观和精神取向。

现代景观建筑小品的艺术品位，正是其景观的组构形式和精神内涵的永久魅力之所在，审美功能是其第一属性。现代景观建筑小品通过本身的造型、质地、色彩与肌理向人们展示其形象特征，表达某种情感，同时也反映特定的社会、地域、民俗的审美情趣。同时，现代景观建筑小品的艺术品位还体现在地方性和时代性当中，自然环境、建筑风格、社会风尚、生活方式、文化心理、审美情趣、民俗传统、宗教信仰等构成了地方文化的独特内涵，现代景观建筑小品也是这些内涵的综合体，它的创造过程就是这些内涵的不断提升、演绎的过程。建筑物因周围的文化背景和地域特征不同而呈现出不同的建筑风格，建筑小品也是如此，为与本地区的文化背景相呼应，而呈现出不同的风格。现代景观建筑小品所处的建筑室内外环境空间只有注入了主题和文脉，才能成为一个有意义的有机空间，一个有血有肉的活体，否则，物质构成再丰富也是乏味的，激不起心灵的深刻感受。如一些具有一定历史的城市在公共空间的改造和较大规模的新建过程中，为增进公共空间的人文内涵与艺术品位，通过合理的规划和科学的设计，设立一些具有公共精神和时代审美意义的现代景观建筑小品，诸如系列雕塑、水体、壁画、地景设计，永久性或短期陈设的装置艺术品等，并予以制度化管理与呵护，使市民在自然和艺术中得到陶冶，修养得到升华。

现代景观建筑小品作为城市环境的重要组成部分，已成为环境中不可或缺的要素，它与其他要素一起构筑了城市的形象。随着经济的发展和人民生活水平的日益提高，现代景观建筑小品的发展呈现以下趋势：

（1）满足人的行为和心理需要。人是环境中的主体，也是现代景观建筑小品的使用者。因此，在进行现代景观建筑小品设计时，应首先了解人的行为特点，即人体的基本尺度和行为活动模式。另外，在考虑人行为需求的同时也应考虑人的心理需要，如对私密性、舒适性等的需求。因此在设计和应用现代景观建筑小品时，应坚持以人为本，结合人的行为特点、心理要求综合考虑。

（2）要与环境有机结合。现代景观建筑小品是景观环境的重要组成部分，两者之间有着密切的依存关系。现代景观建筑小品以其丰富的类型、优美的外观极大地丰富了景观环境。但是仅从小品本身的造型出发显然是不够的，还要充分考虑其各构成要素，如材料、色彩等都需与环境协调一致。

（3）实现艺术与文化的结合。现代景观建筑小品要在景观环境中起到美化环境的作用，必须要具有一定的艺术美，满足人们的审美要求，同时也应表现一定的文化内涵。

4.3.2　景观建筑小品的种类与特点

凡在现代景观环境中，既有使用功能又可供观赏的景观建筑或构筑物，统称现代景观建筑及小品，尤其是现代景观建筑小品有景观和适用双重的价值特性。

1.饰景小品

饰景小品在现代环境中主要起着点景的作用，本身作为环境中的景观组成部分，丰富景观，同时也有引导、分隔空间和突出主题的作用。

（1）雕塑小品。雕塑在古今中外的造景中被大量应用，涵盖了中国古典风格和欧美风格。从类型上大致可分为预示性雕塑、故事性雕塑、寓言雕塑、历史性雕塑、动物雕塑、人物雕塑和抽象派雕塑等。雕塑在景观中往往起喻义、比拟的作用，它是对景观概念的延伸，丰富了景观的文化内涵（图4.43、图4.44）。

（2）水景小品。水景小品主要是以设计水的五种形态（流、涌、喷、落、静）为目的的小品设施。水景常常为城市某一景区的主景，是游人视觉的焦点。在规则式景观绿地中，水景小品常设置在建筑物的前方或景区的中心，为主要轴线或视线上的一种重要点缀物。在自然式绿地中，水景小品的设计常取自然形态，与周围景色相融合，体现出自然形态的景观效果（图4.45、图4.46）。

图4.43　公共环境中的雕塑作品

图4.44　城市休闲空间置以名家雕塑，丰富了景观的文化内涵

图4.45　水景小品（1）

图4.46　水景小品（2）

　　（3）灯光照明小品。灯光照明小品主要包括路灯、庭院灯、灯笼、地灯、投射灯等，灯光照明小品具有实用性的照明功能，同时本身的观赏性可以成为环境中饰景的一部分，其造型的色彩、质感、外观都要与整体环境相协调。灯光照明小品主要是为了夜景效果而设置的，用以突出其重点区域，增加景观的表现力，丰富人们的视觉审美（图 4.47、图 4.48）。

图4.47　2010年上海世博会灯光照明效果

图4.48　2008年北京奥运会游泳馆夜景

2. 功能性小品

功能性小品主要的功能是为游人提供便利的服务，创造舒适的游览环境，同时在视觉效果上要达到与整体环境的协调。

（1）展示设施。展示性小品包括各种导游图牌、路标指示牌，动物园、植物园和文物古建、古树的说明牌、图片画廊等。它对游人有宣传、引导和教育等作用。设计良好的展示设施能给游人以清晰明了的展示概念与意图（图 4.49、图 4.50）。

图4.49　公共空间展示设施设计（1）　　　　　图4.50　公共空间展示设施设计（2）

（2）卫生设施。卫生设施的设计是为了使宜人的场所体现整洁干净的环境效果，创造舒适的游览氛围，同时体现以人为本的设计理念。卫生设施通常包括厕所、果皮箱等。卫生设施的设置不但要体现功能性，方便人们的使用，同时不能产生令人不快的气味，而且要做到与环境相协调（图 4.51、图 4.52）。

图4.51　城市公共空间卫生间设计　　　　　图4.52　城市公共空间果皮箱设计

（3）休憩设施。休憩设施包括餐饮设施、座凳等。休憩设施具有休息与娱乐的功能，方便游人的出行，能够丰富景观环境，提高游人的兴致。休憩设施设计的风格与环境也应该构成统一的整体，并且满足人们不同的使用需求（图 4.53、图 4.54）。

图4.53 城市休憩设施设计（1）

图4.54 城市休憩设施设计（2）

图4.55 城市电话亭设计

（4）通信设施。通信设施通常指公用电话亭。由于通信技术的发展和人们互相联系的需要，景区中的电话亭数量也在增加，同时由于通信设施的设计通常由电信部门进行安装，对色彩及外形的设计与景观环境本身的协调性存在不一致。通信设施的安排除了要考虑游人的方便性、适宜性，同时还要考虑其在视觉上的和谐与舒适（图4.55）。

3. 特殊类小品

随着时代的发展，公共环境中的建筑小品设施不仅为大众服务，而且也关注到一些特殊的群体，如老弱病残等等。这类小品设计更多聚焦于使用者，满足"形式服从情感"的理念，使设计从对功能的满足进一步上升到对人的精神的关怀，使全体社会成员具有平等参与社会生活的机会，共享社会发展的成果。

4.3.3 景观建筑小品的作用及设计要点

4.3.3.1 景观建筑小品的作用

1. 组景

现代景观建筑设计中常常使用建筑小品把各界面景色组织起来，使环境的意境更为生动。在古典园林中，为了创造空间层次和富于变幻的效果，也常常借助于建筑小品的设置来达到景物之间的完美的契合，如一面围墙或一个门洞等。

2. 观赏

现代景观建筑小品，尤其是那些独立性较强的建筑要素，如果处理得好，其自身往往就是环境中的一景。如杭州西湖的"三潭映月"就是以传统的水庭石灯的小品形式"漂浮"于水面，使月夜景色更为迷人。由此可见，运用建筑小品的装饰性能够提高景观环境的观赏价值，满足人们的观赏要求。

3. 渲染气氛

在环境设计中常把桌凳、地坪、踏步、小桥、灯具、指示牌和广告牌等予以艺术化、景致化，以渲染周围环境的气氛，增强空间的感染力，给人留下深刻的印象。

4. 使用功能

现代景观建筑小品都有具体的使用功能。如园灯用于照明，桌椅用于休憩，宣传栏及标识牌用于提供游览信息，栏杆用于安全防护、分隔空间等。

4.3.3.2　景观建筑小品的设计要点

1. 饰景类现代景观建筑小品

（1）雕塑。近年来，现代公园或城市广场上，利用雕塑小品烘托环境气氛，传达设计师的思想的做法日益增多，这些雕塑小品起到了加深意境，表现它所处的城市或地域文化的作用。

1）注意整体性。环境雕塑布局上一定要注意雕塑和整体环境的协调。在设计时，一定要先对周围环境特征、文化传统、空间、城市景观等方面有全面、准确的理解和把握，然后确定雕塑的形式、主题、材质、体量、色彩、尺度、比例、状态、位置等，使其和环境协调统一。

2）体现时代感。环境雕塑以美化环境为目的，应体现时代精神和时代的审美情趣。因此雕塑的取材比较重要，应注意其内容、形式要适应时代的需求，不要过于陈旧，应具有观念的前瞻性。

3）注重与配景的有机结合。雕塑应注重与水景、照明和绿化等配合，以构成完整的环境景观。雕塑和灯光照明配合，可产生通透、清幽的视觉效果，增加雕塑的艺术性和趣味性；雕塑与水景相配合，可产生虚实、动静的对比效果，构成现代雕塑的独特景观；雕塑与绿化相配合，可产生软硬的质感对比和色彩的明暗对比效果，形成优美的环境景观。

4）重视工程技术。一件成功的雕塑作品的设计除具有独特的创意、优美的造型外，还必须考虑到现有的工程技术条件能否使设计成为现实，否则很有可能因无法加工制作而使设计变成纸上谈兵，或达不到设计的预期效果。而运用新材料和新工艺的设计，能够创造出新颖的视觉效果（图4.56）。比如一些现代动态雕塑，借助于现代科技的机械、电气、光学效应，突破了传统雕塑静态感，而产生变化多端的奇异景观。

图4.56　公共环境中的艺术雕塑

（2）假山。假山是相对真山而言，以自然的山石为蓝本，用天然的山石堆砌出微型真山，浓缩了大自然的神韵和精华，使人从中领略到自然山水的意境。通常假山可设计为瀑布跌水或者为旱山。庭院假山大的高可达5m以上，小的则1m左右，视空间环境而定。假山可在草坪一侧，可位于水溪边，大者可行走其间，小者又可坐落于水池中。其位于庭院的主要视线之中，供人欣赏，增添生活的情调和雅趣（图4.57）。假山的设计要点如下：

图4.57　假山设计

1）设计人员与业主沟通，勘查现场，根据环境的特点、方位、空间的大小，确定假山的石材、高度体量等，画好假山的平、立面图，有条件再画出假山的效果图，便于施工。

2）施工人员要研究图纸，做好假山的基础，基础一般用钢筋混凝土，然后通过采石、运石、相石，自下而上地逐层进行堆砌，在堆砌的过程中，做到质、色、纹、面、体、姿要相互协调，预留植物种植槽，做瀑布流水的应预留水口和安装管线，做完之后以灰勾缝，以刷子调好的水泥和石粉扑于勾缝泥灰之上使之浑然一体。

3）假山在设计上还要讲究"三远"，所谓"三远"是由宋代画家郭熙在《林泉高致》中提出的："山有三远：自山下而仰山巅，谓之高远；自山前而窥山后，谓之深远；自近山而望远山，谓之平远。……高远之势突兀，深远之意重叠，平远之意从容而飘飘渺渺。"

图4.58　喷泉设计

（3）喷泉。喷泉是最常见的水景之一，广泛应用于室内外空间，如城市广场、公共建筑。它不仅自身是一种独立的艺术品，而且能够增加局部空间的空气湿度，减少尘埃，大大增加空气中负氧离子的浓度，因而有益于改善环境，增进人们的身心健康（图4.58）。喷泉的设计要点如下：

1）喷泉的类型很多，大体可分为普通装饰性喷泉、与雕塑相结合的喷泉、自控喷泉等。喷泉水池的形式有自然式和整形式。

2）一般情况下，喷泉的位置多设于建

筑、广场的轴线焦点或端点处（图4.58），也可以根据环境特点，做一些喷泉小景，自由地装饰室内外的空间。

3）喷泉可安置在避风的环境中以保持水形。

4）喷水的位置可以居于水池中心，也可以偏于一侧或自由地布置。

5）喷水的形式、规模及喷水池的大小比例要根据喷泉所在地的空间尺度来确定。

6）在不同的环境下，应讲究喷泉的位置。

7）喷水的高度和直径要根据人眼视域的生理特征，使其在垂直视角30°、水平视角45°的范围内有良好的视域。

8）喷泉的适合视距为喷水高的3.3倍。当然也可以利用缩短视距，造成仰视的效果。

9）水池半径与喷泉的水头高度应有一定的比例，一般水池半径为喷泉高的1.5倍，如半径太小，水珠容易外溅。

10）为了使喷水线条明显，宜用深色景物作背景。

（4）灯具。灯具是城市环境空间的重要景观，白天的灯具丰富了城市的空间序列，夜晚的灯光更是美化城市环境的重要手段。城市照明灯具主要包括路灯、广场塔灯、园林灯、草坪灯、水池灯、地灯、霓虹灯、串灯、射灯等。照明灯具设计的要点如下：

1）结合环境、烘托气氛。不同空间、不同场地的灯具形式与布局各不相同，灯具设计应在满足照明需要的前提下，对其体量、高度、尺度、形式、灯光色彩等进行统一设计，以烘托不同的环境氛围。

2）注重白昼和夜间的效果。任何一灯具的设计都需同时考虑白昼和夜间的效果。白天灯具以别致的造型和序列的美感呈现在城市环境中，夜晚以其丰富多变的灯光色彩，创造出繁华的都市夜景。

2. 功能类现代景观建筑小品

（1）宣传廊、宣传牌、标识牌。城市中的宣传廊、宣传牌、标识牌是城市中的一种装饰元素，它们不仅自然地表达了自身的宣传指示功能，更带给人们直观的艺术享受。作为城市装饰元素的一部分，在设计时应将功能与形式有机地统一起来，并与周围环境相和谐。

宣传廊、宣传牌以及各种标识牌有接近群众、利用率高、占地少、变化多、造价低等特点。除其本身的功能外，它还以其优美的造型、灵活的布局装点美化园林环境。宣传廊、宣传牌以及各种标识造型要新颖活泼、简洁大方，色彩要明朗醒目，并应适当配置植物遮阳，其风格要与周围环境协调统一。

宣传廊、宣传牌的位置宜选在人流量大的地段以及游人聚集、停留、休息的处所。如园林绿地及各种小广场的周边、道路的两侧及对景处等地。宣传廊、宣传牌亦可结合建筑、游廊园墙等设置，若在人流量大的地段设置，其位置应尽可能避开人流路线，以免互相干扰。

（2）电话亭。公共电话亭按其外形可分为封闭式和遮体式两种。封闭式电话亭一般采用铝、钢框架嵌钢化玻璃、有机玻璃等透明材料，应具有良好的气候适应性和隔音效果；遮体式电话亭外形小巧、使用便捷，但遮蔽顶棚小，隔音防护较差，用材一般为钢、金属板及有机玻璃。

电话亭的设计要考虑使用者对私密性的要求，与外界要有一定间隔，哪怕是象征性的。出于环境景观整体性考虑，电话亭前不宜出现过多遮挡物，所以，电话亭的造型应简洁明了、通透小巧。

（3）候车廊。候车廊是城市交通系统的节点设施，为人们在候车时能有个舒适的环境，而提供的防雨避风的空间。

候车廊包括站牌、遮篷、休息椅、行使路线表、照明设施及广告等几部分。材料一般采用不锈钢、铝材、玻璃、有机玻璃等耐用性、耐腐性好并且易于清洁的材料。

候车廊的设计要求造型简洁大方，富有现代感，同时应注意其俯视和夜间的景观效果，并做到与周围环境融为一体（图4.59）。

（4）垃圾箱。造型各异的垃圾箱既是城市生活不可缺少的卫生设施，又是环境空间的点缀。垃圾箱的设计，不仅要使用方便，而且要构思巧妙、造型独特。

垃圾箱的形式主要有固定型、移动型和依托型等。在空间特性明确的场所（如街道等），可设置固定型垃圾箱；在人流变化大，空间利用较多的场所（如广场、公园、商业街等），可设置移动型垃圾箱；而依托型垃圾箱则固定于墙壁、栏杆之上，适用于在人流较多、空间狭小的场所使用。

垃圾箱的材料有预制混凝土、金属、木材、塑料等，投口高度为 0.6 ~ 0.9m，设置间距一般为 30 ~ 50m，另外也可根据人流量、居住密度来设定。

（5）服务亭。服务亭是指分布在环境空间中的环境小品类服务性建筑，具有体积小、分布面广、数量众多、服务单一的特点。常见的服务亭有书报亭、快餐亭、问讯处、售货亭、花亭、售票亭等。它们造型小巧，色彩活泼、鲜明，是城市环境中的重要环境小品。

服务亭点的设计应结合人流活动路线，便于人们识别、寻找；同时造型要新颖，要富有时代感并反映服务内容（图 4.60）。

图4.59　具有地域特色的候车廊设计　　　　　　　图4.60　服务亭设计

（6）坐椅。坐椅在城市环境中被称为"城市家具"，供人们娱乐、交谈、等候、观赏之用，为人们的休闲活动提供了方便。

坐椅的材料很广泛，可采用木料、石料、混凝土、金属材料等。坐椅还常常结合桌、树、花坛、水池设计成组合体，构成休息空间。

坐椅的设计很重要，应考虑人在室外环境中休息时的心理习惯和活动规律，结合所在环境的特点和人的使用要求，决定其设置位置、坐椅数量、造型等。供人长时间休憩的坐椅，应注意设置的私密性，以单坐型椅凳或高背分隔型坐椅为主；而人流量较多供人短暂休息的坐椅，则应考虑其利用率，坐椅大小一般以满足 1 ~ 3 人为宜。另外室内外景观环境中的台阶、叠石、矮墙、栏杆、花坛等也可设计成兼有坐椅的功能。

3. 特殊类现代景观建筑小品

（1）无障碍设施。随着社会文明的进步，公共设施需要适应各种类型人群的需求，已成为世界范围内普遍存在并越来越受到关注的社会问题。我国自 20 世纪 80 年代起开始这方面的努力，颁布了《方便残疾人使用的城市道路和建筑物设计规范》（JG 50—88），发行了有关无障碍设施的通用图集（88J12），并在北京、上海、南京、广州等城市，对一些公共设施进行无障碍改造。

环境中的无障碍设计，除了对环境空间要素的宏观把握外，还必须对一些通用的硬质景观要素，如出入口、道路、坡道、台阶、小品等细部构造，做细致入微的考虑。

1）入口。宽度至少在 120cm 以上，有高差时，坡度应控制在 1/10 以下，两侧应设栏杆扶手，并采用防滑材料。出入口周围要有 150cm×150cm 以上的水平空间，以便于轮椅使用者停留。入口如有牌匾，其字迹要做到弱视者可以看清，文字与底色对比要强烈，最好能设置盲文。

2）道路。路面要防滑，且尽可能做到平坦无高差、无凹凸。如必须设置高差时，应在 2cm 以下，路宽应在 135cm 以上，以保证轮椅使用者与步行者可错身通过。另外，要十分重视盲道的运用和诱导标志的设置，特别是对于身体残疾者不能通过的路，一定要有预先告知标志；对于不安全的地方，除设置危险标志外，还须加设护栏，护栏扶手上最好注有盲文说明。

3）坡道和台阶。坡道对于轮椅使用者尤为重要，最好与台阶并设，以供人们选择。坡道要防滑且要缓，纵向断面坡度宜在 1/17 以下，条件所限时，也不宜大于 1/12。坡长超过 10m 时，应每隔 10m 设置一个轮椅休息平台。台阶踏面宽应在 30～35cm，级高应在 10～16cm，幅宽至少在 90cm 以上，踏面材料要防滑。坡道和台阶的起点、终点及转弯处，都必须设置水平休息平台，并且视具体情况设置扶手和照明设施。

4）厕所、坐椅、小桌、垃圾箱等景观建筑小品。其设置要尽可能使轮椅使用者容易接近并便于使用，而且其位置不应妨碍视觉障碍者的通行。

（2）栏杆。栏杆除起防护作用外，还用于分隔不同活动内容的空间，划分活动范围以及组织人流。栏杆同时又是环境的装饰小品，用以点景和美化环境。栏杆在环境中不宜普遍设置。特别是在水池、小平桥、小路两侧，能不设置的地方尽量不设。在必需设置栏杆的地方应把围护、分隔的作用与美化、装饰的功能有机地结合起来。在环境中，栏杆具有很强的美化装饰性，因此，设计时要求造型美观、简洁、大方、新颖，同时要与周围环境协调统一（图 4.61、图 4.62）。

图4.61 栏杆设计（1）

图4.62 栏杆设计（2）

在环境设计中，栏杆应根据功能的不同来确定其高度。栏杆设计的尺度要求如下：

围护性栏杆，高度一般为 900～1200mm；

悬崖山石壁防护栏杆，高度为 1100～1200mm；

坡地防护栏杆，高度为 850～950mm；

分隔性栏杆，高度一般为 600～800mm；

道路两侧栏杆，高度为 400～600mm；

坐凳式栏杆，凳面高度为 350 ～ 450mm；

装饰性栏杆，高度一般为 150 ～ 400mm。

栏杆选材应与环境协调统一，既要满足使用功能，又要美观大方。尤其是围护性栏杆在选材时首先要求坚固耐用，要确保安全。为了能够体现地方特色、民族风格，一般采用就地取材，造价低，节省运费。栏杆材料有天然石材、人工石材、金属、竹木、砖等。栏杆的用材与主体造型和风格有密切关系，一般要根据主体建筑的风格来选择材料和确定形式。

本 章 小 结

本章主要介绍现代景观建筑建构的理性特征，建构的多重意义以及"技术思维"下的良性思考方法，通过学习材料与构造使学生掌握材料建构的可能性及构造的逻辑性，并详细分析景观建筑小品的建构，通过本章学习，为进入专业实战夯实基础。

思考题与习题

1. 怎样理解建构的概念？根据建构理念分析现代景观建筑的理性特征。
2. 景观建筑的构造组成及其作用有哪些？每种构造组成有哪些特点？
3. 简述景观建筑构造的设计原则。
4. 景观建筑类型及其常用体系有哪些？
5. 举例分析景观建筑小品的特色及其设计要点。

设计任务指导书

1. 题目：景观建筑小品设计

2. 设计目的与要求

（1）通过一个小品建筑及其外部空间环境的设计训练，初步了解并掌握基本的设计过程与步骤，即从实例调研、场地勘察、任务分析开始，经过多方案构思、优化选择、修改调整、深入完善等步骤，一直到正式方案表现之全过程。

（2）初步学习并逐步掌握一些基本的景观建筑设计处理手法，包括如何进行总图布局、平面、剖面设计、立面造型处理、空间组织以及简单的外部环境设计等。

（3）尝试把形态构成的原则、手法运用于建筑造型及空间组织之中。

（4）该设计可以具有一定程度的前瞻意识，可以对景观建筑小品的材料、技术、形式乃至思想观念、生活方式进行一定的展望。

（5）进一步掌握方案草图、工具墨线制图的方法与技巧。

3. 作业成果要求

（1）正式作业开始前要求每人调查 3 个相关实例，了解其具体使用及管理状况，分析其优缺点，按比例草绘平、立、剖、总图，并整理成文提交。

（2）方案设计应遵循尊重环境、利用环境并积极改造环境的原则，使之真正成为所属环境的有机组成部分，为此，应对场地及周边环境进行深入而系统的调研。调研的重点包括地形、地貌、景观、朝向、气候环境、道路交通以及周边建筑形态等内容。

（3）方案形象应具有明确的类型特征和时代特点。要求方案在考虑建筑的结构、构造、材料等基本工程技术要求的前提下，运用构成原则、手法进行建筑及空间造型设计，即通过适当的归纳提炼，利用单元、分割、变形等具体手法，把建筑落实为具有明确的点、线、面、体等特征的形态关系，并符合一般形式美的法则。

（4）方案所采用的结构形式、材料设备及建设标准应符合经济可行的原则。

（5）最终方案应在多方案优化的基础上产生。

（6）设计说明及技术经济指标（包括总用地面积、总建筑面积、各部分建筑面积及绿化指标等）。

具体内容包括：

总平面图	1 个	1 ∶ 100
平面图	1 ~ 2 个	1 ∶ 50
立面图	2 ~ 3 个	1 ∶ 50
剖面图	1 ~ 2 个	1 ∶ 50
透视图	1 个	限定为正常视点透视

4. 学时进度

（1）一草阶段。

1）布置作业，分析题目；进行场地勘察、实例调查和相关资料搜集等前期准备工作，并完成调查报告。

2）完成三个构思方案，每个方案应包括总图（1 ∶ 100）、平面图（1 ∶ 50）、透视图。

3）多方案分析比较，确立发展方案。

（2）二草阶段。

1）修改、调整发展方案。

2）深入完善、细化方案。该阶段设计成果的具体内容包括总图（1 ∶ 100）、平面图 1 ~ 2 个（1 ∶ 50）、立面图 1 ~ 2 个（1 ∶ 50）、剖面图 2 ~ 3 个（1 ∶ 50）、正常视点透视及技术经济指标。

（3）上板阶段。

1）对二草成果进行局部修改、完善。

2）进行布图处理，并完成正式图纸。

3）完成设计说明及技术经济指标。

参 考 文 献

［1］张青萍 . 园林建筑设计［M］. 南京：东南大学出版社，2010.

［2］马辉 . 景观建筑设计理念与应用［M］. 北京：中国水利水电出版社，2010.

［3］洪得娟 . 景观建筑［M］. 上海：同济大学出版社，1999.

［4］刘志强 . 景观艺术设计［M］. 济南：山东美术出版社，2006.

［5］王晓俊 . 风景园林设计［M］. 南京：江苏科学技术出版社，2000.

［6］王胜永 . 景观建筑［M］. 北京：化学工业出版社，2009.

［7］马进，杨靖 . 当代建筑构造的建构解析［M］. 南京：东南大学出版社，2005.

［8］马克辛，李科 . 现代园林景观设计［M］. 北京：高等教育出版社，2008.

［9］黄华明.现代景观建筑设计［M］.武汉：华中科技大学出版社，2010.

［10］付云松，李晓玲.房屋建筑学［M］.北京：中国水利水电出版社，2009.

［11］高祥生，丁金华，郁建忠.现代建筑环境小品设计精选［M］.南京：江苏科学技术出版社，2002.

［12］梁美勤.园林建筑［M］.北京：中国林业出版社，2003.

［13］昵图网 www.nipic.com.

第5章
现代景观建筑设计方法和倾向性

● **学习目标**

1. 通过对本章的学习，掌握基本的搜集资料以及在设计前期阶段对基地的勘察认知方法。

2. 全面分析基地的环境特点，并以人群需求为设计的出发点，了解人的心理、行为习惯，从而更好地掌握景观建筑设计的方法和步骤。

● **学习重点和建议**

1. 在搜集相关资料以及对基地勘察认知的基础上，如何将基地环境与方案设计更好地协调。

2. 通过方案的比较、构思与完善，全面掌握景观设计的方法。

3. 建议本章 12 学时。

5.1 设计分析

5.1.1 搜集相关资料

进行景观建筑设计，搜集资料是必不可少的一步，特别是在这个信息飞速发展的社会，要想设计出真正为我们当前生活所适应的好的作品，就需要紧跟时代的脉搏。当然，搜集资料并没有什么一定之规。目前最常用的方法无非就是：去图书馆、实地调查和上网查询。在信息发达的当今，网络已成为重要的资料来源。特别是一些专业学习网站，都可以成为查找和下载资料的重要来源。当然，网络搜索一定要抓住关键词，可以将有用的信息很快筛选出来。

搜集资料，就是一个筛选资料和分类整理的过程，首先要有明确的主题，围绕着设计任务，通过多种渠道来获得信息，然后再综合信息进行整理，最重要的就是分门别类；对于景观建筑来说，包含的类型主要是一些公共建筑和一些别墅类居住建筑，那么就要注意搜集不同形式、不同风格、不同年代、不同环境的景观建筑，特别是一些经典的大师作品，要透彻分析，理解其设计思路，并且可以借鉴其优秀的设计方法为我所用。

与此有联系的就是要注意资料目录。只要与你要做的设计有关的图集、作品、论文和专著的目录，必须清楚。检索文献资料的方法主要有三种。一是追溯法。这是以已掌握的文献资料后面所附的文献目录为线索，追溯查找其他文献的检索方法。在缺少检索工具或检索工具不够齐全的情况下，可以充分利用这种检索方法。但每种文献所附的参考文献毕竟是有限的，因此仅用这种方法查找资料，漏检的可能性较大。二是常用法。这是一种利用工具书查找文献资料的检索方法。如果在搜集资料时能够找到必要的检索工具，就应采用常用法，以便迅速、准确地找到比较齐全的文献资料。三是循环法。循环法也叫混合法，这是一种把追溯法和常用法结合起来使用，循环查找文献资料的检索方法。使用这种方法的一般顺序是，先利用检索工具，也就是通过常用法找到一些文献资料，再利用这些文献资料所附的参考文献目录追溯查找资料。如果手中已有基本的检索工具，又占有了一定数量的资料，就可能采用循环法查找资料了。

对资料和信息的整理，有一个有用无用的问题。严格讲起来，天下没有无用的材料，问题是对谁来说，在什么时候说。就是对同一个人，也有个时机问题。大概我们都有这样的经验：只要你脑海里有某一个问题，一切资料，书本上的、考古发掘的、社会调查的等，都能对你有用。搜集这样的资料也并不困难，有时候资料简直是自己跃入你的眼中。反之，如果你脑海里没有这个问题，则所有这样的资料对你都是无用的。但是，一个人脑海里思考什么问题，什么时候思考什么问题，有时候自己也掌握不了，一个人一生中不知要思考多少问题。当你思考甲问题时，乙问题的资料对你没有用。可是说不定什么时候你会思考起乙问题来。所以说，在搜集资料的过程中，也要不断开动脑筋，想要解决什么问题，想从哪些方面开始着手，那么就有目的性地去寻找，也可以说，搜集资料的过程也是不断解决问题的过程，在这个过程当中，不断地吸取新的知识，扩展自己的设计思路，往往会有很多意外的收获。

5.1.2 对基地的勘察

在拟定建筑计划时，必须对地段环境进行分析，要深入现场踏勘地形，分析客观环境与主观意图的矛盾在哪里？主要矛盾是景向问题还是朝向问题？是地形的形状还是基地的大小？是与现存建筑物的关系问题还是交通问题？分析所设计对象在地段环境中的地位，抓住主要矛盾，在设计中考虑如何与周围的景观更好地协调起来。

1. 基地地形勘察的内容

对建筑基地的勘察包括地形、地势、地貌、地质、地层结构；水分、水位、水质、水流、水速、河流、水沟、自来水；空间、空气、风向、风速、风声；阳光、紫外线、温度、湿度；各种建筑物，各种树木及植物种群等。勘察包括基地周围环境要素（所属空间组合能量、建筑物组合能量、地层组合能量等形成的中和能量）变化、运动、发展，环境要素所蕴含的有利与不利能量一旦变化，人本身所蕴含的生命轨迹能量也随即发生变化，人居环境作为影响人的生命形成与发展的主要因素之一，由于其客观性和相对可控性，使无形生命有了可通过有形途径来实现改变的可能。

2. 地形勘察存在的问题

良好的地形条件，不但是景观建筑设计的成功保证，而且也可以大大节省费用和人力。在建筑设计之前，需要相关人员对地形进行较为准确的勘察，但是勘查中常常会有以下问题影响建筑设计。例如：没有足够的地形勘测时间，对地形条件不清楚，直接导致投资控制不住，施工后修改设计等情况，更可怕的是可能会留下工程隐患，造成重大的工程事故。也有建筑设计勘测周期不合理的问题，从建筑工程地质勘察到地质报告的提交需要一定的工作周期，这是再简单不过的道理，然而有些工程却没有进行基础性的前期投入。比如一旦需要申报项目，立即就要求提交建筑设计方案；今天刚刚提交可研报告，明天就要求提交初设报告等。另外，对建筑地形分析不够深入，有时甚至会出现建筑工程地形评价结论性错误这样严重的问题，从而影响到后期工作的开展。可以说，建筑设计地形勘察工作的质量，对建筑方案的决策和建筑施工的顺利进行至关重要。

3. 在地形勘察设计中注重对现代技术的应用

当今世界，信息技术的高速发展和相互融合，正在改变着我们周围的一切，许多现代技术手段在建筑地形勘察中的应用，提高了我们对地形认知的精确度。如在地形勘测定界测量中，RTK 技术可实时地测定建筑适合位置，确定土地使用界限范围、计算用地面积。利用 RTK 技术进行勘测定界放样是坐标的直接放样，建筑用地勘测定界中的面积量算，实际上由 PS 软件中的面积计算功能直接计算并进行核检，这样就避免了常规的解析法放样的复杂性，简化了建筑用地设计定界的工作程序。在土地利用动态检测中，也可利用 RTK 技术。传统的建筑地形设计检测采用简易补测或平板仪补测法，如利用钢尺用距离交会、直角坐标法等进行实测丈量，对于变通范围较大的地区采用平板仪补测，这种方法速度慢、效率低，而应用 RTK 新技术进行地形动态监测，则可提高检测的速度和精度，省时省工，真正实现建筑地形设计的合理监测，保证了土地利用状况调查的现实性。还有 GIS 的应用，互操作地理信息系统是 GIS 系统集成的平台，它实现异构环境下多个地理信息系统及其应用系统之间的通讯协作。另外，3S 一体化的应用也是非常重要的，3S 指的是全球定位系统（GPS）、卫星遥感系统（RS）和地理信息系统（GIS）。GPS 可在瞬间产生目标定位坐标却不能给出想要应用的建筑设计地形的属性，RS 可快速获取区域面状信息但受光谱波段限制，GIS 具有查询、检索、空间分析计算和综合处理能力。建筑地形设计需要综合运用这三大技术的特长，方可形成和提供所需的对地观测、信息处理和分析模拟能力。实际上，地形的属性数据是十分丰富的，我们要用科学的方法了解地形的属性，以便更好的应用于建筑设计当中。

5.2 社会人群需求分析

5.2.1 对景观建筑活动空间的五W法研究——What、When、Where、Who、Why

路德亚德·吉卜林说："我有六个诚实的仆人，他们教给我一切。它们的名字是：什么（What）和为什么（Why）、何时（When）和怎样（How）、何地（Where）和谁（Who）。"五W法是一种非常有效而快捷的方法，已经在很多学科得到了应用，对于景观建筑活动来说，通过对五W法的研究，可以对我们的景观建筑设计方法和流程起到很好的导向作用。围绕着五W法的设计，可以更加明确我们的设计目的、设计方法以及需要解决的主要问题，从而更好地达到我们建筑设计所要解决的不同群体对建筑空间和景观的需求。

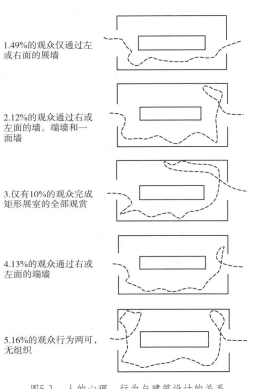

1.49%的观众仅通过左或右面的展墙

2.12%的观众通过右或左面的墙。端墙和一面墙

3.仅有10%的观众完成矩形展室的全部观赏

4.13%的观众通过右或左面的端墙

5.16%的观众行为两可，无组织

图5.1 人的心理、行为与建筑设计的关系

1. "What" ——满足什么功能的建筑设计（设计目的）

正如世界著名建筑师黑川纪章所认为的建筑设计的一大目标就是最大限度地实现使用者或者业主所希望的功能要求，建筑的功能要求是决定建筑形式的基本因素。建筑设计的对象是人，首先要满足不同人群的使用需求，以尽可能方便、安全、适宜的原则组织室内外的空间秩序。不同的建筑，有着不同的功能特点。对公共景观建筑来说，不仅要营造舒适宜人的室内外空间环境，还要根据人群活动的特点，组织内外空间的布局以及合理便捷的活动流线（图5.1）。

2. "When" ——建筑设计的时间性、时代性（设计时间）

完成一个建筑需要巨大的投资。为了眼前一时的利益而做廉价的建筑，过了20年或25年之后，这个建筑的寿命就结束了，需要推倒重建。这种现象在日本曾经发生过，现在的中国也随处可见这种廉价的建筑。与环境共生的建筑应该是耐久的，能够成为城市文化遗产的建筑。这样的建筑初期投资可能较高，但通过提高建筑的质量，把其寿命延长到60年、80年甚至更长，从长远目光看，避免了短期的重建、浪费，应当说这才是物美价廉。这种长命的建筑，才真正有价值。

同时，还要考虑建筑的时代性，不同时代的建筑有着当时历史的烙印，建筑作为文化的载体，深刻反映了不同历史年代的文化艺术走向、科技发展水平以及人们的思想理念，也由此产生了许多有世界影响力的重要建筑，也深刻影响了不同地域环境下不同建筑风格的产生。建筑可以说是人类精神文化艺术和科学技术的集大成者，因此，任何一所建筑的产生，都是时代的产物，建筑的生命力与价值体现在其耐久的程度和高度浓缩的造型艺术上（图5.2）。

3. "Where" ——基地的地形地貌、场地环境（设计地点）

建筑的场地环境从广义上来讲，它首先受地理的气候、区域的影响，比如说南方炎热地区跟北方寒冷地区建筑显然是不同的。即使是同一个地区，山区的建筑和沿海的建筑也有很大差异，比如说广东这个地方，属于亚热带海洋气候，它日照时间长，高温多雨潮湿，四季常青，所以人们往往形成一种喜爱室外活动，崇尚自然的行为特点，从而使得建筑处理着重通风、遮阳、隔热和防潮，逐渐形成了轻巧通透、淡雅明快、朴实自然的岭南建筑风格。从狭义的角度来讲，主要是指建筑地段的具体的地形、地貌条件和城市周围的建筑的环境。这是具体影响和制约建筑空间和平剖面设计的，乃至建筑形式的重要因素。建筑师要以生态观的角度顺应自然的地形地貌的要求，与地段环境融为一体，要用城市的观点看景观建筑，尊重城市和地段已形成的整体的布局和肌理，以及建筑与自然的关系，

图5.2　故宫建筑——中国传统建筑艺术的高度体现

在体形、体量、空间布局，建筑形式乃至材料色彩等方面下工夫，采用与地区相适应的技术条件手段，再结合功能，整合优选，融会贯通，就有可能创造出有个性的精品（图5.3）。

图5.3　南京艺兰斋美术馆——建筑与环境、地域文化的完美结合

图5.4　哥伦比亚Sra Pou职业学校——面对社会底层弱势群体的建筑

4."Who"——建筑设计为谁而作（设计面向对象）

乡村小学和金融中心，当这两个设计项目同时摆在建筑师眼前的时候，哪个更具有吸引力？想要知道这个问题的答案，就要看建筑师的出发点是来自于"理想"还是"业务"了，也就是说我们设计要解决哪一类人群的需求，相对于金融中心，乡村小学往往是为弱势群体做的项目，除了设计上的难度，总会有预算拮据、人力不够、材料紧张等客观问题。项目施工中时常还要建筑师亲自上阵。如果没有对于建筑的理想和对社会的责任感，实在很难持续做下去（图5.4、图5.5）。

图5.5 上海环球金融中心

再比如高级别墅和剧院，也就是说建筑设计还面临着为众人服务还是个人服务的问题，对景观建筑设计来说，一个是面向个人家庭的建筑设计活动，而另一个是面向广大群众的公共观演场所，两类建筑的服务群体有着巨大的差异，从几个人到成百上千人，显然两者的建筑设计方法、造型特色以及突出的功能空间布局是完全迥异的（图5.6、图5.7）。从以上的例子我们不难看出，建筑设计活动一定要明确所要服务的群体，以此为建筑构思创作的前提，从而设计出满足功能需要与美观的建筑设计作品。

图5.6 某别墅建筑

图5.7 常州大剧院

5. "Why"——建筑设计为什么而做（设计因素）

建筑设计是一项复杂的创作活动，需要考虑的因素很多，除了满足基本的功能要求外，还要考虑气候地域环境、文化历史传统以及人们的心理行为习惯等（图5.8）。建设设计主要是针对不同功能空间的布局，它同时反映了人们的生活方式、活动特点等，所营造出来的内外空间本身要带给人一种感动与想象。

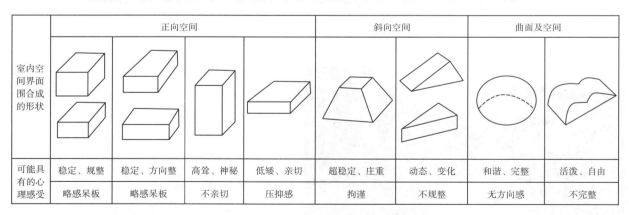

	正向空间				斜向空间		曲面及空间	
室内空间界面围合成的形状								
可能具有的心理感受	稳定、规整	稳定、方向整	高耸、神秘	低矮、亲切	超稳定、庄重	动态、变化	和谐、完整	活泼、自由
	略感呆板	略感呆板	不亲切	压抑感	拘谨	不规整	无方向感	不完整

图5.8 不同空间形状对人的心理感受

建筑一般由基础、墙、柱、梁、板、屋架、门窗、屋面（包括隔热、保温和防水层）楼梯、阳台、雨篷、楼地面等部分组成。此外，因为生产、生活的需要，对建筑物还要安装给水、排水系统、供电系统、采暖和空调系统，某些建筑物还有电梯和煤气管道系统等。

建筑构造应考虑各种影响使用的因素，采取相应措施保证建筑安全。①建筑的受力因素：当建筑物的整个主体结构在承受能容许的外力后，要求能够保持稳定，没有不正常的变形和裂缝，能供人们安全使用。②自然界的影响：建筑是建造在大自然的环境中的，它必然受到日晒、雨淋、冰冻、地下水、热胀冷缩等影响。因此在设计和建造时要考虑温度伸缩、地基压缩下沉、材料收缩等因素的影响。采取结构、构造措施，以及保温、隔热、防水、防温度变形的措施，从而避免由于这些影响而引起建筑的破坏，保证建筑的正常使用。③各种人为因素的影响：在人们从事生产、生活、工作、学习时，也会产生对建筑安全的影响，如机械振动、化学腐蚀、装饰时拆改、火灾及可能发生的爆炸和冲击。为了防止这些有害的影响，建筑设计和施工时要在相应部位采取防振、防腐、防火、防爆的构造措施，并对不合理的装饰拆改严格限制。

另外，建筑作为文化载体，文化因素对建筑风格特点的形成也有着重要的影响。建筑的作用在于给人类提供活动的场所，而现代人们的活动是多样的，建筑类型也具有多样性。居住建筑、商业建筑、工业建筑、公共建筑、纪念性建筑等都有不同的形式和功能要求。现代建筑文化也就不同，居住建筑、工业建筑追求的是经济适用，景观公共性建筑则追求更多精神层面上的东西。现代建筑文化的发展趋势使得现代建筑文化具有包容性，具有很大的发展空间，它是适应现代科学技术发展的，它改变人们的思想观念，促使人们价值观、道德观、审美观的改变，新的思想观念产生了新的建筑哲学和建筑理论，导致了建筑文化的变革。近代科学技术创造了一系列新型的建筑材料，各种先进的建筑设备，科学的结构设计理论，计算机辅助设计系统，再加上建筑设计管理和建筑管理的科学化、合理化、系统化，几乎可能使建筑师们进行行为所欲为的创作。

5.2.2　对人的行为习性研究

人类的环境行为是由于客观环境的刺激作用，或是出于自身的生理和心理需求所产生的，这种作用促使人类适应、改造和创造新的环境。

1. 环境行为的特征

（1）客观环境。客观环境作用导致人类的各种行为，这种行为就是适应、改造和创造新环境的活动。

（2）自我需求。人类的自我需求是推进环境的改变和社会发展的动力。

（3）环境制约。环境因素也会制约人类的行为，往往不能完全满足人类的需求。因而行为就要受到一定程度的环境制约。

（4）综合作用。环境、行为和需求施加给人的往往是一种综合作用。人的行为受人的需求和环境的影响，即人的行为是需求和环境的函数。这就是著名心理学家库尔待·列文（K.Lewin）提出的人类行为公式：$B=f(P \cdot E)$，其中：B 为行为，f 为函数，P 为人，E 为环境。

2. 人类适应环境的本能行为

人类有许多适应环境的本能行为，它们是在长期的人类活动中，由于环境与人类的交互作用而形成的，这种本能被称为人的行为习性。

（1）抄近路习性。为了达到预定的目的地，人们总是趋向于选择最短路径，这是因为人类具有抄近路的行为习性。在景观建筑空内外环境设计时，要充分考虑这一习性（图5.9）。

（2）识途性。人们在进入某一场所后，如遇到危险（如火灾等）时，会寻找原路返回，这种习性称为识途性。因此在设计室内安全出口时，要尽量设在入口附近，并且要有明显的位置和方向指示标记（图5.10）。

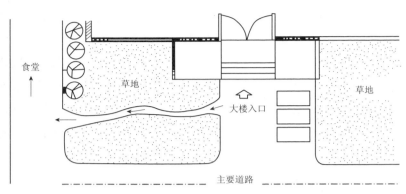

图5.9 抄近路习性示例

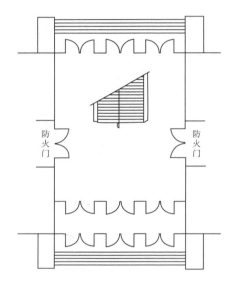

图5.10 识途性——安全疏散设计

（3）左侧通行习性。在人群密度较大（0.3人/m² 以上）的室内和广场上行走的人，一般会无意识地趋向于选择左侧通行，这可能与人类右侧优势而保护左侧有关。这种习性对于展览厅展览陈列顺序有重要指导意义。

（4）左转弯习性。人类有趋向于左转弯的行为习性，在公园散步、游览的人群的行走轨迹可以显示这一习性。并有学者研究发现向左转弯的所要时间比同样条件下的右向转弯的时间短。很多运动场（如跑道、棒球、滑冰等）都是左向回转（逆时针方向）的，有学者认为左侧通行可使人体主要器官心脏靠向建筑物，有力的右手向外，在生理上、心理上比较稳妥的解释。这种习性对于建筑和室内通道、避难通道设计具有指导作用（图5.11）。

（5）从众习性。假如在室内出现紧急危险情况时，总是有一部分人会首先采取避难行动，这时周围的人往往会跟着这些人朝一个方向行动，这就是大众作用。因此，室内避难疏散口的设计、诱导非常重要（图5.12）。

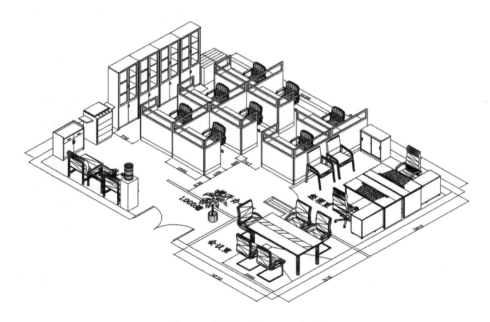

图5.11 左转弯习性——设计示例

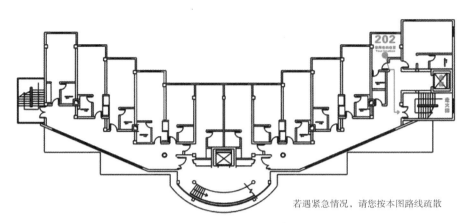

若遇紧急情况，请您按本图路线疏散

图5.12 从众习性——疏散设计

（6）聚集效应。许多学科研究了人群密度和步行速度的关系，发现当人群密度超过 1.2 人 /m^2 时，步行速度会出现明显下降趋势。当空间人群密度分布不均时，则出现人群滞留现象，如果滞留时间过长，就会逐渐结集人群，这种现象称为聚集效应。在设计室内通道时，一定要预测人群密度。设计合理的通道空间，尽量防止滞留现象发生（图 5.13）。

图5.13 聚集效应——门厅设计

（7）人的距离保持。对人类来说，我们对自身所需要的空间通常有种"领域感"，在这个肉眼看不见的界限内，以身体为中心有一个圆圈，我们会对圆圈以外的侵入行为进行有意或无意的躲避和抗议。

人类与"领土"有关的距离有以下四种：亲密距离、个人距离、社会距离、公众距离。

1）亲密距离：指与他人身体密切接近的距离。接近状态：指亲密者之间发生的爱护、安慰、保护、接触、交流的距离，此时身体接触。正常状态（15 ~ 45cm），头脚部互不相碰，但手能相握或抚触对方。在各种文化背景中，这一正常距离是不同的。

2）个人距离：指个人与他人间弹性距离。一种是接近态（45 ~ 75cm），是亲密者允许对方进入的不发生为难、躲避的距离，但非亲密者（例如其他异性）进入此距离时会有较强烈反应。另一种为正常状态（75 ~ 100cm），是两人相对而立，指尖刚能相触的距离，此时身体的气味、体温不能感觉，谈话声音为中等响度。

3）社会距离：指参加社会活动时所表现的距离。接近态为（130 ~ 210cm），通常为一起工作时的距离，上级向下级或秘书说话便保持此距离，这一距离能起到传递感情力的作用。正常态为（2l0 ~ 360cm），此时可看到对方全身，在外人在场下继续工作也不会感到不安或干扰，为业务接触的通行距离。正式会谈、礼仪等多按此距离进行。

4）公众距离：指演说、演出等公众场合的距离。接近态约（360 ~ 750cm），此时须提高声音说话，能看清对方的活动。正常态7.5m以上，这个距离已分不清表情、声音的细致部分，为了吸引公众注意，要用夸张的手势、表情和大声疾呼，此时交流思想主要靠身体姿势而不是语言。

（8）惯用一侧。绝大多数人习惯用右手操作工具和做各种用力的动作。他们的右手比较灵活而且有力，所以对惯用右手的人来说，右手也叫优势手。但在人群中也有5% ~ 6%的人惯用左手（儿童时期约有25%人惯用左手）操作和做各种用力的动作，其左手就成为优势手。至于下肢，绝大多数人也是惯用右脚，因此机械的主要脚踏控制器，一般也放在机械的右侧下方。

5.3 现代景观建筑的基本设计方法

5.3.1 方案构思

1. 明确设计任务

围绕设计任务，展开主题构思。要赋予设计以灵魂，必须把设计当成一种创作，抓住首先最需要解决的问题，认真研究建筑的内在功能与基地条件，使设计的任何一幢建筑物，无论从体形、体量，还是材料、色彩，都能与周围的环境很好地协调起来。对景观建筑来说，通常都是某个地段或区域的标志性建筑，除了满足基本的功能需求外，在环境构思中，更要注重景向与环境的关系，运用各种景观设计元素提升视觉吸引力，形成视觉焦点。

在构思之初，首先要明确设计任务，主要有以下几个方面。

（1）分析清楚业主真正想要的是什么。

（2）分析清楚这个系统的用户有哪些角色。这将有助于找出业务内容。

（3）确定这个方案的产品的最终部署结构、网络结构。这是大问题，因为如果开始不考虑这些，后面再考虑会很难。

（4）确定这个方案的重点在哪里，因为有的重视业务模型，有的重视技术实现（这个有时很难做，而且要看评标人的背景）。

（5）讨论确定最终方案的框架，这中间要特别熟读任务要求，需要注意的地方特别画出来。

（6）接下来搜索资料，然后根据自己的思维和框架把方案的内容丰满起来。

（7）相互审阅。这一点很重要，因为这么短的时间做这么多内容，很难保证内容"圆润"。别人看一遍能够找出很多明显的毛病和问题，能够从内容的全面性、通畅性等方面找出缺陷。这期间最好能再反复阅读设计任务需求。

2. 方案构思的步骤

构思是实现建筑设计根本目的重要的思辨过程（包括启发、切入、策划、判断、选择、修正等），它综合运用抽象思维、形象思维乃至灵感思维，具有从局部到整体、从特殊到一般、从粗略到成型的渐进而循序的特点。构思具有双重含义，一是"广义的构思"，表现于方案设计的整个过程，每一阶段、每一环节的发展、推进都需要借助构思来完成；二是"狭义的构思"，也称为"大构思"，特指方案设计初始阶段（一草阶段）对方案大思路、大想法的酝酿成型过程，即这里所重点阐述的"方案构思"。

无论按照什么样的具体步骤去实施设计，都会遵循"一个大循环"和"多个小循环"的基本规律（图5.14）。"一个大循环"是指从调研分析、设计构思、方案优选、调整发展、深入细化，直至最终表现，这是一个基本的设计过程。严格遵循这一过程进行操作，是方案设计科学、合理、可行的保证。过程中的每一步骤、阶段，都具有承上启下的内在逻辑关系，都有其明确的目的与处理重点，皆不可缺少。而"多个小循环"是指从方案立意构思开始，每一步骤都要与前面已经完成的各个步骤、环节形成小的设计循环。也就是说，每当开始一个新的阶段、步骤，都有必要回过头来，站在一个新的高度，重新审视、梳理设计的思路，进一步研究功能、环境、空间、造型等主要因素，以求把握方案的特点，认识方案的问题症结所在并加以克服，从而不断将设计推向深入。

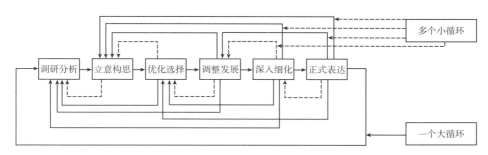

图5.14 建筑方案设计的基本步骤及循环过程

5.3.2 方案比较和完善

由前一个阶段所形成的建筑方案雏形从内容来看是极为概念性的，有很多不确定因素，需要在原创阶段的立意主题内容基础上，对建筑方案主要图形进行调整和完善，逐步形成一个较为完整的建筑空间组合体。

1. 方案的比较

（1）多方案的必要性。在前一个阶段方案构思的基础上，形成多个方案，这是方案设计的目的所要求的，方案设计是一个过程而不是目的，其最终目的是取得一个理想而满意的实施方案。如何验证某个方案是好的，最有说服力的方法就是进行多个方案的分析和比较。绝对意义上的最佳方案是穷尽所有可能而获得的，但在现实的时间、经济及技术条件下，人们不具备穷尽所有方案的可能性，能获得的只能是"相对意义"上的，即有限数量范围内的最佳方案。这是进行多方案构思的意义所在。同时，多方案也是实现民众参与所要求的，让使用者和管理者真正参与到设计中来，是实现建筑以人为本这一追求的具体体现，多方案构思所伴随而来的分析、比较、选择的过程使其成为可能。这种参与不仅表现为评价、选择设计者提出的设计成果，而且应该落实到对设计的发展方向乃至具体的处理方式提出质疑，发表意见，使方案设计这一环节真正担负起应有的社会责任。

（2）多方案的可行性。多方案构思是建筑设计的本质反映。中学的教育内容与学习方式在一定程度上养成了学生习惯于方法与结果的唯一性与明确性。然而对建筑设计而言，认识与解决问题的方法和结果是多样的、相对的和不确定的。这是由于影响建筑设计的客观因素众多，在把握和处理这些因素时，设计者任何细微的侧重就会导致不同的方案对策结果。但是，只要设计者遵循正确的建筑观，所产生的不同方案就不会有简单意义上的对错之分，而只有优劣之别了（图5.15）。

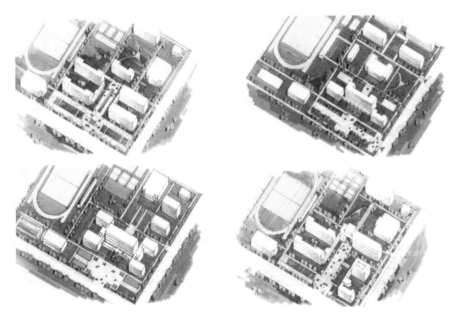

图5.15　某中学校园规划方案构思的四个规划方案比较

2. 方案完善与优化的基本方法

当完成多方案后，将展开对方案的分析比较，从中选择出理想的发展方案。

分析比较的重点应集中在三个方面：

（1）比较设计要求的满足程度。是否满足基本的设计要求（包括功能、环境、流线等诸因素）是鉴别一个方案是否合格的起码标准。无论方案构思如何独到，如果不能满足基本的设计要求，设计方案就不足可取。

（2）比较个性特点是否突出。鲜明的个性特点是建筑的重要品质之一，富有个性特点的建筑比一般建筑更具吸引力，更容易脱颖而出去打动人、感染人，更容易为人们所认可、接受和喜爱，因而是方案选择的重要指标性条件。

（3）比较修改调整的可行性。任何方案都难以做到十全十美，或多或少都会有一些这样或那样的缺陷，但有的缺陷尽管不是致命的，却是难以修改的，因为如果进行彻底的修正不是带来新的更大的问题，就是完全失去了原有方案的个性和优势。对这类方案的选取必须慎重，以防留下隐患。

3. 方案优化与完善范例——某大学图书馆扩建方案（图5.16 ~ 图5.26）

项目简介：新建图书馆位于老馆东侧，校方规划老馆保持传统闭架阅览室管理模式，新馆全部为开架阅览管理模式，两馆可相对保持独立，仅设置内部办公人员联系。新建图书馆坐落在联系南北校园主轴线的南校区新教学区主广场西侧。由于图书馆为新广场第一栋建筑，校方要求主体建筑尽量增加东立面宽度，以利围合广场。

构思主题："建筑创作之本——环境·功能"。

"环境"：作为南校区新广场第一栋建筑，增加面向广场建筑东立面宽度无疑与建筑朝向有矛盾，通过作者推敲形成原创建筑平面——双菱形主体建筑平面，较理想地协调了两者关系。根据校方反映，老馆建筑内、外部处理均不甚理想，所以新老图书馆保持相对独立性更有利于新图书馆建筑创作。作者对新馆用了两个正方形扭转45°组合平面，也算是对西南侧不规则平面布局的教学楼环境的一种对话。

"功能"：新馆主体建筑运用了"三同"设计手法，更好地满足了校方关于全开架阅览管理模式及使用功能要求。主体建筑虽采用了规则的双菱形建筑平面，但图书馆建筑使用空间还是基本的正方形，不影响书架、阅览桌椅的布置。二层裙房设置不仅满足大空间使用要求，同时也成为双菱形平面主体建筑与周围原有建筑环境、布局和道路肌理之间的缓冲带。

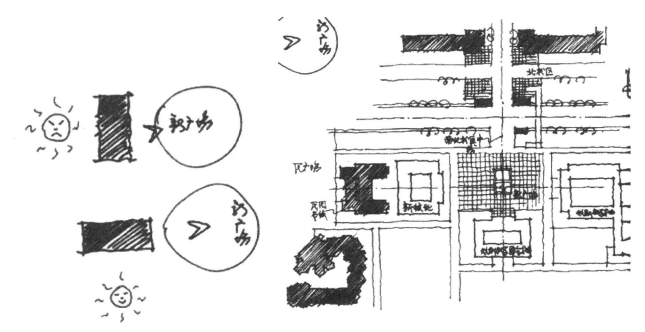

图5.16　新建图书馆建筑方位、朝向和广场关系的分析图　　　　图5.17　新建图书馆位置分析图

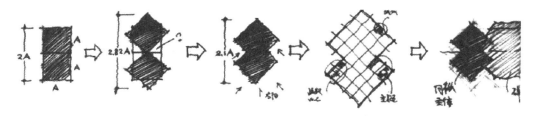

图5.18　图书馆建筑方案发展过程设计草图

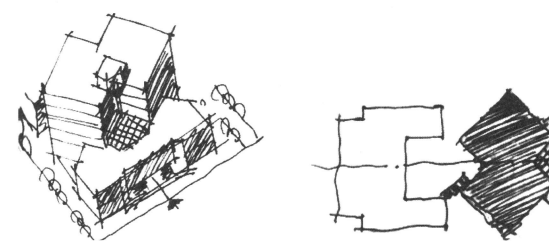

图5.19　图书馆建筑方案调整阶段建筑体块组合推敲设计草图　　　图5.20　新建图书馆与老馆的关系推敲设计草图

155

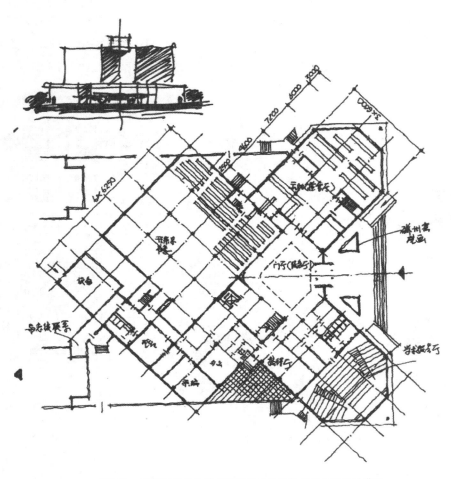

图5.21　新建图书馆建筑方案设计成熟阶段首层平面设计草图

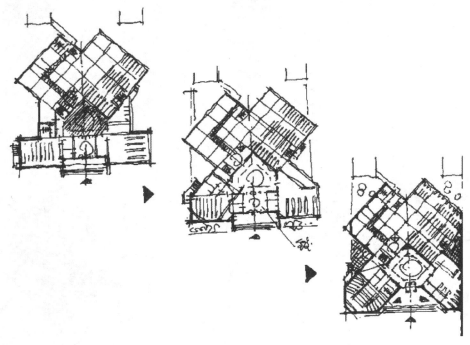

图5.22　新建图书馆裙房建筑平面深入构思与设计草图

图5.23　新建图书馆方案成熟阶段建筑东立面设计草图

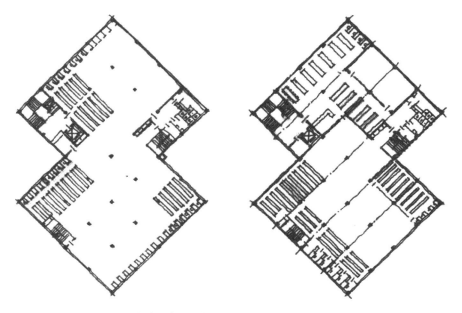

图5.24　新建图书馆方案成熟阶段建筑标准层平面设计草图

图5.25　新建图书馆方案成熟阶段建筑透视设计草图

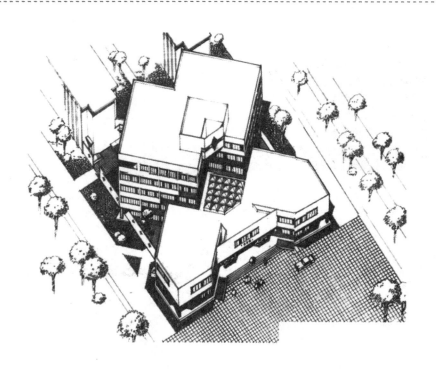

图5.26 新建图书馆方案成熟阶段建筑鸟瞰设计草图

5.3.3 方案成果表达

1.成果表达阶段

（1）原创阶段。原创阶段的表达一般使用的工具较为随意，图形内容主要为表达、分析、方案构思、立意主题，并通过原创手绘草图图形表达建筑方案雏形，画面效果反映了运笔快速、概括、表现线条简练、流畅的特点，能充分反映建筑师的创作风格。

（2）调整阶段。调整阶段的表达主要还是以手绘表达为主，一般的使用工具为建筑设计常备工具，画面内容主要是通过小比例（1：200以下）绘制的总平面、立面、剖面和透视图等主要图形，较清晰地表达了包含建筑方案调整和完善的过程。线条运笔简练而严谨，草图画面内容的布局较规整，具有一定工程制图模式（图5.27）。

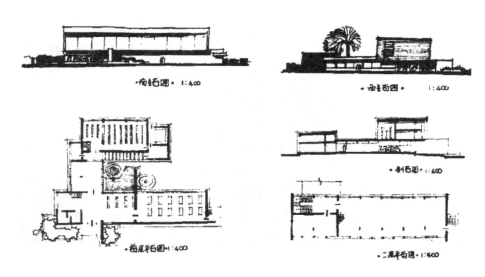

图5.27 手绘草图建筑方案构思例举——某小型图书馆设计草图之一（方案调整阶段）

（3）成熟阶段。成熟阶段表达为调整阶段的延续和深入，最终形成贯穿方案构思、立意主题并已成熟的建筑方案，主要通过计算机绘图技术表达，需按基本建筑制图规则以及采用相应的图幅和图框进行绘制，图形采用较大比例并展开全部画面内容，此阶段所有定形和定量问题均应交代清楚，图面内容布局完整（图5.28、图5.29）。

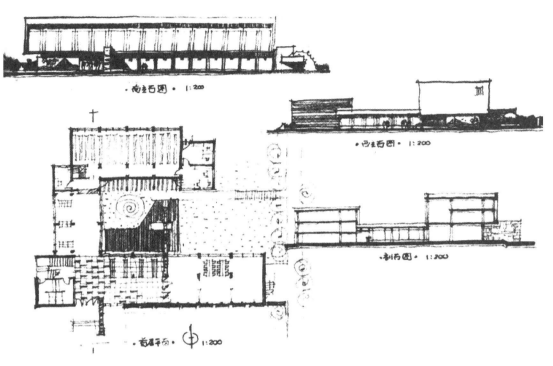

图5.28 手绘草图建筑方案构思例举——某小型图书馆设计草图之二（方案成熟阶段）

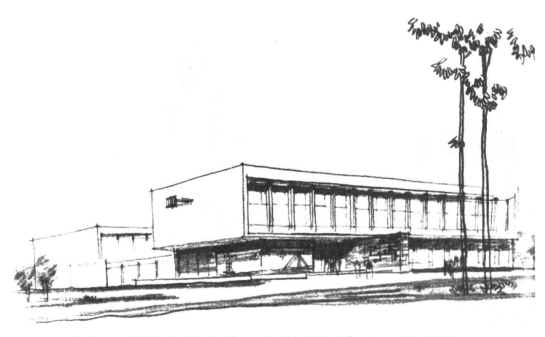

图5.29 手绘草图建筑方案构思例举——某小型图书馆设计草图之三（方案成熟阶段）

2. 绘图程序

（1）准备好纸和工具，并将图纸横平竖直地固定在图板上。做好排版，即均衡地规划好图面布局，安排好本图应包含的所有内容，包括标题、注字等。

（2）用较硬的铅笔（2H）画轴线、打稿，稿线要细、轻而明确，线条相交时可以交叉、出头。

（3）由浅到深地加重。先用三等细线全部加重一遍，可见线、尺寸线和轴线等可一次画成；在此基础上加深二等线，然后再加重一等粗线。注意粗线需往线的内侧加粗，以便由线的外侧控制尺寸；还应注意三种线的粗细既有区别，又彼此匹配。

（4）标注字、尺寸、标高及其他标识符号，写图名、比例及图纸标题，再画图框。方案设计的平面图、立面图还可配置树木等衬景来衬托建筑和体现周边环境（图5.30）。

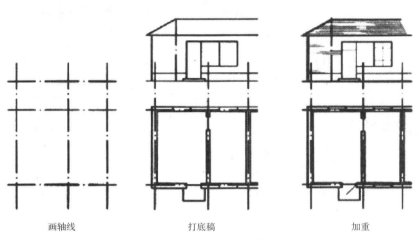

作铅笔线条时，先用2H铅笔画轴线；再打底稿，线条宜细、轻；然后加重。常用H铅笔作可见实线，用HB铅笔作立面轮廓线和剖切线。

画轴线　　　　　　　　打底稿　　　　　　　　加重

图5.30　作图程序

3. 方案成果表达实例（图 5.31 ~ 图 5.35）

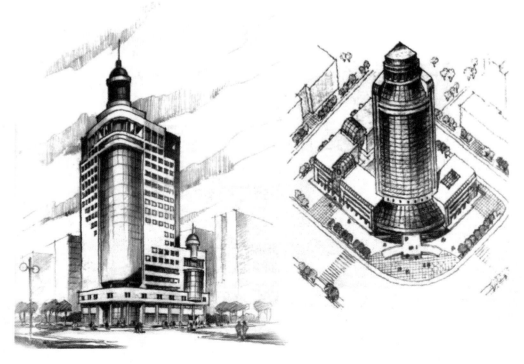

图5.31　某银行综合大楼及办公大厦建筑方案设计——铅笔表现

图5.32　某别墅外观设计——钢笔表现

图5.33　某企业办公大楼——钢笔和水彩表现

图5.34　某宗教建筑外观——彩色铅笔和马克笔表现

图5.35　某别墅外观——钢笔和马克笔表现

5.4 现代景观建筑设计的倾向性

5.4.1 以景观为主导的建筑设计

1. 以景观为主导的公共建筑空间环境营造

（1）公共建筑整体景观环境的营造。公共建筑是人们进行社会活动的场所，除了满足人流集散等功能要求之外，还必须考虑舒适、美观的景观环境，一幢好的公共建筑设计，其室内外的空间环境应是相互联系、相互延伸、相互渗透和相互补充的关系，使之构成一个变化流畅而又和谐完整的空间体系（图5.36）。在创造室外空间环境时，主要应考虑两个方面的问题，即内在因素和外在因素。公共建筑本身的功能、经济及美观的问题，基本上属于内在因素；而城市规划、周围环境、地段状况等方面的要求，则常是外在的因素。公共建筑室外空间的形成，一般需要考虑下列几个主要组成部分，即建筑群体、广场道路、绿化设施、雕塑壁画、建筑小品、灯光造型的艺术效果等，而这些都跟景观环境的塑造有着密不可分的关系。通过将这些因素组合所形成的室外环境空间，应体现出一定的设计意图和艺术构思，特别是那些大型而又重点的公共建筑，在室外空间中需要考虑观赏的距离和范围，以及建筑群体艺术处理的比例尺度等问题。如意大利威尼斯的圣马可广场（图5.37），拿破仑曾把圣马可广场誉为"欧洲最美丽的客厅"，因其建筑与空间组合得异常得体，取得了无比完整的效果。这个广场空间环境在统一布局中也强调了各种对比的效果，如窄小的入口与开敞的广场之间，横向处理的建筑与竖向处理的塔楼之间，庄严的总督宫与神秘色彩的教堂之间，这一系列强烈对比的手法，使广场空间环境给人以既丰富多彩又完整统一的感受。所以美国建筑师老沙里宁曾说过："许多不可分割的建筑物联系成为一种壮丽的建筑艺术总效果——也许没有任何地方比圣马可广场的造型表现得更好的了。"

图5.36 某公共建筑环境艺术处理

图5.37 意大利威尼斯圣马可广场

在现代景观建筑的实践中，不少城市的商业中心建筑体形的处理，常与人们的活动空间有机地配合，构成统一和谐的室外空间整体（图5.38）。实体的墙面和空透的门窗、宽敞的室外空间与轻松活泼的建筑外形，这些空间环境很大程度上满足了人们行为及心理上的需求。

图5.38 某商业建筑空间设计

（2）公共建筑室外景观环境的营造。为了满足人们活动的需要，一些公共建筑在环境空间的中心地带，常安排广场、绿地、喷水池、建筑小品等休息活动空间。在进行室外环境设计时，应注意街景的轮廓线及欣赏点的造型处理，巧妙地安排绿化、雕塑、壁画、亭廊、路灯、招牌等设施，以体现室外空间环境组合的设计意图。如深圳何香凝美术馆的建筑环境的设计（图5.39），其设计力求体现何香凝女士一生的品格和庄重、实效、适度的原

图5.39 深圳何香凝美术馆

则。宽广的广场与中国民俗文化村西门入口相连接，是人与人交流、活动的生活化空间，也成为该建筑的前奏曲。通过十几个宽大的花岗岩台阶和二十余米长的人行天桥，将参观者一步步引入了馆内。整个建筑采用灰、白两色调，典雅、庄重；外观凹进的墙面与凸出的玻璃盒子形成强烈的对比，长长的弧形墙面上开出长方形的洞口，墙后数十株竿青翠竹随风摇曳。进入主展厅之前，设计了一个四合院式的中庭，中庭的南北中轴线与人行天桥和主展厅的中轴线相吻合，使该院成为重要的过度空间。中庭三面采用大面积的木棂窗门，摒弃了繁琐的装饰，在简洁、朴素、具有浓郁的传统文化氛围中散发出现代感。

2. 以景观为主导的别墅建筑环境营造

（1）因地制宜的山地别墅建筑空间布局。

1）交通组织流线简洁。处于用地形态较复杂的山地自然地形中的别墅建筑，一般占地面积较大，自成体系，小区内的交通应以车行为主，步行为附，最大限度地提高小区内道路的使用效率是构成小区优雅环境的前提条件。道路交通布置要方便居民出入、迁居，满足消防、救护需要，同时要结合地形、地势和等高线的变化，因势利导，做到流线简洁，减少道路坡度变化和施工土方量，还要结合市政管道的敷设进行设计。

2）竖向设计要充分利用地形，合理设计高差。山地别墅的竖向设计应充分利用自然地形，选择合理的设计标高，尽量减小土方工程量，利用建筑基础、地下车库、路槽及管沟挖方余土，移挖作填，使填挖方基本平衡，避免出现余土外运现象。

3）满足基本功能需求，最大限度保留原生态。要满足住宅日照、通风、密度、朝向、间距等方面的要求，以利于获得充足的日照和良好的通风或防风条件，并能有效地防止噪声污染。整体环境规划要"因地制宜"，最大限度地保留原生态系统，让建筑和自然和谐的融合。

4）别墅建筑多处于优美的自然环境当中，要注重天人合一的景观设计理念，按照生态景观设计原则，应该做到景观先行、人工与自然和谐（图5.40）。

图5.40　别墅建筑景观空间设计

①结合建筑的布局方式，景观组织沿建筑而设置，并在建筑间较开阔的地方设置景观节点，形成空间趣味点。

②设置视觉通廊，通过对建筑合理组织，形成无视线障碍的景观通廊，使整个建筑环境空间通达舒展。

③发展立体绿化，营造空中景观。这是有效增大住区绿化面积，改善环境，美化住区的重要措施之一。

④水体设计中，考虑到岸边湿地对水体净化价值的可利用性，故应对湿地加以保护，在湖岸设置木栈道和休闲平台，增加行走湖岸的乐趣。

⑤宅旁景观设计要结合建筑布局和地形特点，注重创造居民可以聚集活动的场所，创造别具特色的"环境节点"，使居民感受到交往带来的情谊以及温暖、祥和的大家庭气氛。

（2）别墅建筑的立面特点。

1）别墅多采用坡屋顶。别墅建筑多处于风景优美的山地或海滨等自然环境中，其屋顶也多采用坡屋顶的形式，一方面适应地域气候特点；另一方面也能够丰富建筑造型。如青岛海滨别墅屋顶形式有两坡屋顶、四坡屋顶或两坡四坡相结合的屋顶。因青岛素来倡导红瓦绿树、碧海蓝天的独特自然风光，所以红瓦在青岛沿海别墅屋顶中极为常见（图5.41）。

2）立面细部多。如门套、窗套、耳窗、柱廊、外挂石、老虎窗、壁炉烟囱、各种装饰线脚等。

3）尺度感亲切。由于别墅建筑体量小，一般为2～3层，因而给人们一种亲切的感觉。

4）四个立面均十分考究。别墅多位于风景优美

图5.41　青岛海滨老别墅

区域，为了充分利用得天独厚的自然条件，四个立面均要求与近处的地形地貌结合得巧妙。要想使别墅建筑与环境有机地融合在一起，必须从各个方面来考虑建筑与环境的相互影响和联系，只有这样，才能最大限度地利用自然条件来美化环境。

（3）别墅建筑环境营造。任何建筑都必然要处在一定的环境之中，并和环境保持着某种联系。别墅强调的是与周围环境的和谐与统一。建筑与环境的统一主要是指两者联系的有机性，它不仅体现在建筑物的形体组合和立面处理上，同时还体现在内部空间的组织和安排上。如赖特的"流水别墅"是建筑与环境互相协调的范例。用赖特自己的话来讲："就是体现出周围环境的统一感，把房子做成它所在地段的一部分。"

关于建筑与自然的和谐，瑞士建筑学家凯乐教授说："真正的别墅应该是融在自然环境里，需要你在自然环境里寻找才能发现的，而不是个性的张扬。"一般的别墅，需要有些山野味，这样它与周围的环境非常协调，在塑造的环境当中，它只是一个不显眼的部分。赖特一直崇尚材料的自然美，并坚持认为建筑应该是和它周边的环境相互和谐，就像是原来长在那儿的一样成为大地的一个基本的和谐要素。他强调建筑应当像植物一样从属于自然，他认为每一座建筑都应当是特定的地点、特定的目的、特定的自然和物质条件以及特定的文化的产物。在建筑师的眼里，无论是树、石头都是有生命的，建筑追求的最高境界应该是融入自然，天人合一。

3. 以景观为主导的休闲建筑与环境

随着信息化和消费时代的来临，人类有了更多的休闲时间，休闲时间的活动内容更加丰富多彩，休闲日益成为促进个性发展和社会进步的宝贵财富。人们的休闲活动多种多样，使得现代休闲建筑的功能性更加复杂，休闲建筑需要为人们创造更丰富更有特色的休闲活动空间，以便于人们休息、运动、会友、品茶、欣赏展览等；同时，随着对城市景观空间审美能力的不断提高，人们对休闲建筑的造型和舒适性要求更高。新材料、新结构、新工艺的不断涌现，使得现代休闲建筑从空间形式到色彩质感都得到巨大的发展。

现代休闲建筑是一种独具特色的建筑，既要满足建筑的使用功能要求，又要满足园林景观的造景要求，它是一种与园林环境密切结合，与自然融为一体的建筑类型。现代休闲建筑在现代园林设计中与园林造景有直接关系，园林中亭、台、楼、阁及小品等建筑，除满足物质功能外，对构成园林意境具有重要意义和作用，其审美价值并非局限于这些建筑物和构筑物本身，而在于通过这些建筑物，让人们领略外界无限空间中的自然景观，突破有限，通向无限，感悟充满哲理的人生、历史、社会乃至宇宙万物，引导人们到达园林艺术新追求的最高境界。如范仲淹在《岳阳楼记》中，从"衔远山，吞长江，浩浩荡荡，横无际涯"的意境，升华为"先天下之忧而忧，后天下之乐而乐"的崇高人生境界。

（1）现代园林休闲建筑分类。现代园林休闲建筑的分类方法很多，如按功能、空间布局、建筑风格等。根据其使用功能，可以将现代园林休闲建筑分为四种类型：

1）游憩性建筑。有休息、游赏使用功能，具有优美的造型，如亭、廊、花架、榭、舫、桥等。

2）服务性建筑。为游人在旅途中提供生活上服务的设施，如茶室、小卖部、餐厅等。

3）文化娱乐类建筑。为开展文化娱乐活动用的建筑设施，如游船码头、露天剧场、展览馆、体育场所等。

4）园林建筑小品。以装饰园林环境为主，注重外观形象的艺术效果，兼有一定使用功能，如园灯、园椅、园门、景墙、栏杆等。

（2）现代休闲建筑景观环境选址。园林休闲建筑设计从景观上说，是创造某种和大自然相谐调并具有某种典型景观效果的空间塑造。因此景观建筑的选址不当会影响到整个景观的效果。一般来说，造园大体分为自然式园林、规则式园林和混合式园林三种。规则式园林多采用对称平面布局，一般建在平原和坡地上，园中道路、广场、花坛、水池等按几何形态布置，树木也排列整齐，修剪成形，风格严谨，大方气派。现代城市广场、街心花园、小型公园等多采用这种方式。自然式园林多强调自然的野致和变化，布局中离不开山石、池沼、林木等自然景物，因此选址是山林、湖沼、平原二者具备。傍山的建筑借地势错落有致，并借山林为衬托，颇具天然风采。而在湖沼地造园，临水建筑有波光倒影，视野平远开阔，画面层次亦会使人感到丰富多彩且具动态。混合式园林是将自然、规则两者根据场景适当结合，扬长避短，突出一方，在现代园林中运用更为广泛。另外，园林休闲建筑在环境条件上既要注意大的方面，也要注意细微因素。要善于发掘有趣味的自然景物，如一树、一石、清泉溪涧，以至古迹传说，对造园都十分有用。

（3）现代园林休闲建筑的尺度比例与环境的关系。功能、审美和环境特点是决定建筑尺度的依据，恰当的尺度应和功能、审美的要求相一致，并和环境相协调。园林休闲建筑是人们休憩、游乐、赏景的所在，空间环境的各项组景内容，一般应具有轻松活泼、富于情趣和使人有无尽回味的艺术气氛，所以尺度必须亲切宜人。园林休

图5.42　园林休闲建筑景观环境营造

闲建筑的尺度除了要推敲建筑本身各组成部分的尺寸和相互关系外，还要考虑空间环境中其他要素如景石、池沼、树木等的影响。一般通过适当缩小构件的尺寸来取得理想的亲切尺度，室外空间大小也要处理得当，不宜过分空旷或闭塞。另外，要使建筑物和自然景物尺度协调，还可以把建筑物的某些构件如柱子、屋面、踏步、汀步、堤岸等直接用自然的石材、树木来替代或以仿天然的喷石漆、仿树皮混凝土等等来装饰，使建筑和自然景物互为衬托，从而获得室外空间亲切宜人的尺度（图5.42）。

5.4.2　现代景观建筑的倾向性分析

1. 结合地形及地域元素的建筑理念

建筑地段的选择并不总是符合理想的，特别对景观建筑来说，必须考虑到周围环境各种因素的限制和影响。对于环境的利用，不仅限于邻近建筑物四周的地形、地貌，而且还可以扩大到相当远的范围。

景观建筑设计的一个重要方面就是对自然地形环境的利用，对于自然环境好，或地势起伏的乡野景致，或傍山近水的水乡风光，都是绝好的景观资源。如何将被动式的设计转化为主观能动的创作，就要充分地利用自然进行设计。著名的澳大利亚首都堪培拉，是建筑与景观完美结合的典型城市，所有的建筑活动几乎都是源于对优美的自然环境的很好的利用，堪培拉市政厅的设计便是很好地呼应了自然的绿化环境（图5.43）。当然，自然环境的利用不仅限于视觉，同时还可扩大到听觉，如通过水流动的声音在更大的范围内建立起一种秩序，能与环境很好地融合在一起。

景观建筑设计的开展离不开对山林、植

图5.43　堪培拉市政厅

被、江湖水系的利用与保护，孔子曰："仁者乐山，智者乐水"，揭示了我国传统自然观中人与山水之间的亲和关系，也同时体现了自然山水资源是我们所向往的景观环境元素。首先，对于山地自然环境来说，要充分了解用地地质状况（包括基岩走向、岩层厚度、山洪、滑坡、地下水与溶洞分布等情况）；然后分析研究地貌特征，确定可利用的地形、地物和合理的建筑形式。在确定山地景观建筑合理的建筑形式时，应尽可能保留地表原有的地形和植被，还要合理利用地形高差和山位特点，灵活组织建筑空间以及入口交通，同时要注重建筑形体与整体地段环境以及山势景观环境的协调，形成富有地貌特色的景观建筑形式（图5.44、图5.45）。

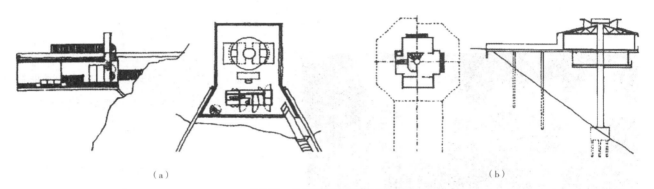

（a）　　　　　　　　　　　　　　　　　　（b）

图5.44　保护自然地貌的建筑设计
（a）美国威斯康星州某度假别墅；（b）美国俄勒冈州某度假别墅

图5.45　建筑与山地环境的协调

图5.46　澳大利亚悉尼歌剧院滨水沿岸立体环境的处理

　　对于傍山近水的地区来说，有着得天独厚的造景条件。现代许多城市的景观建筑都是围绕着起伏的绿地、优美的滨水环境来展开，如澳大利亚悉尼歌剧院滨水沿岸立体环境的处理（图5.46）。

　　2. 重视形体与文化及空间的共生

　　（1）建筑空间与传统文化的共生。建筑，是人类文化的一种载体，是人类所创造的物质文明、制度文明和精神文明所展现于地平线上的一种巨大的空间形态。这种为人的物质和精神需求所构成的建筑，同时又反过来表现人自身。对于一个国家来说，传统是不能丢掉的。传统文化对建筑的影响是不言而喻的，它正如一个民族的灵魂深刻影响着人们的衣食住行，同时也是现代建筑创作的灵感源泉。

　　1）印度建筑师对传统文化与空间的整合运用。印度著名建筑师拉兹·列瓦尔非常注重景观空间与传统文化的共生，通过从古代建筑获得启示，再造了许多独具印度个性的、丰富的、连为一体的具有震撼力的室内外空间，他将传统建筑语言进行转译，很好地使传统文化和地域气候融入到现代建筑中，通过将单纯的材料进行几何型的组合，呈现出独特的庄重与和谐感。他利用集约式的传统建筑语言设计了许多重视庭院与具有传统文化几何图案感的简约和谐的公共建筑和大规模的集合住宅（图5.47），如位于印度新德里的1980年建成的亚洲度假村（Asia Games Village），在这座共容纳约700户的集合住宅建筑群的设计中，列瓦尔将现代建筑结构、技术与地区传统很巧妙地结合起来。由于印度以炎热干燥为主的气候因素，使传统民居建筑形式形成了以封闭的墙面为主，建筑与庭院相间而设的建筑传统。列瓦尔沿袭了传统村落中轴对称和密集的建筑形式，采用钢筋混凝土结构建造了建筑与私人庭院，公共巷道交错设置的建筑群形象。以便利用建筑为公共空间提供遮阴的同时，又使内部密集设置的

图5.47 印度集约式集合住宅

各座建筑能够保持流畅的通风。带有停车场的车行道路都被设置在住宅区外围，以便进行人车分流。

拉兹·列瓦尔认为公共建筑的意义在于它是体现一种文化，而现代建筑的弊端则是用同一种手法试图去解决所有的问题，它们很少考虑人在其中的具体感受，比如我们去一所寺院，必须有一种进入神圣场所的感觉，而进影剧院又要有进剧院的感觉，也就是说，不同场合和不同的建筑必须给人以不同的情绪和感受。所以，在建筑设计时一定要尊重人们的一种感受以及他们的民族情绪（图5.48）。

图5.48 重视传统文化几何图案与空间感受的景观建筑——印度国家免疫研究所

2）中国现代建筑中的传统文化符号。我国有着五千多年的文明历史，传统建筑更是独具一格，是中国传统文化宝库中的瑰宝。在继承和发挥传统建筑文化过程中，要认识到传统建筑文化的现代型转换是社会历史发展的必然产物，要真正理解中国传统建筑文化的本质内涵，就要研究和认识其设计思想和艺术精神，并加以现代体现，这也是当代建筑创新和发展的必然趋势。传统文化与现代表现在建筑中，是一对辩证统一的矛盾体，应该说没有传统文化就没有现代，没有现代，也无所谓传统文化，它们是通过互相衬托来得以体现的。

以古建筑有代表性的"视觉模式"做符号，局部运用到现代建筑中，这样做既不影响整体，又可避免传统与现代多方面的矛盾。这些符号局部地运用到现代建筑设计中，可以体现在以下几个方面：

①屋顶符号的运用。在现代建筑设计中，传统的大屋顶以及屋顶装饰符号被点缀在建筑的屋顶和檐口，例

如：起翘的屋檐，饰有琉璃瓦的小檐口等。

②门窗、隔扇这些传统建筑符号在现代建筑空间中的运用。一扇古门、古窗，一方隔扇点缀在现代建筑空间中，能使整个建筑空间产生意想不到的意境。

③梁柱这些承重建筑结构在现代建筑中的运用。现代仿古结构的大跨度、大空间的建筑结构依然离不开梁柱结构。

④天花藻井在现代建筑设计中的运用。现代建筑天花装饰采用现代的装饰图案，结合传统的藻井形式，使现代建筑更具装饰效果。

⑤传统色彩在现代建筑设计中的运用。色彩在古建筑装饰中十分重要，它既能营造宫殿的鲜艳浓烈的环境，又能营造出江南园林淡雅朴素的意境，这种传统的色彩配置在现代创作中也大有用处。

⑥传统装饰陈设在现代室内设计中的运用。传统的建筑陈设装饰包括家具、古董、器皿等。这些元素在现代室内空间环境营造中起着不可替代的作用。如在会客厅内放置一台做工精致、图案精美的花台与茶几，会带来古色古香、意境深幽的美妙效果。上海陆家嘴的黔香阁就是成功运用中国元素的典型案例。其设计层次分明，错落有致，曲折的回廊将室内空间划分为几块，屋顶的古式宫灯隐伏在木椽之内，线条简单，但却把现代感融入了古典，基调是简约而古雅，营造出传统文化氛围。

图5.49　北京香山饭店

⑦传统造园艺术在现代景观建筑中的应用。中国园林提倡"虽由人作，宛自天开"的"天人合一"的自然与建筑完美结合的设计理念，而园林建筑更是以殿、堂、厅、馆、轩、榭、亭、台、楼、阁、廊、桥等丰富的形式与山水、树木等自然环境有机结合，协调一致。传统造园艺术对现代景观建筑空间环境设计的影响是深刻的，并且在实践中得到了广泛的应用与传承，在许多当代有影响力的建筑中都有体现，如著名建筑师贝聿铭设计的北京香山饭店，其内外环境的塑造及立面造型的设计就借鉴了许多传统元素（图5.49）。

建筑是需要文化传承的，没有标识就没有了区分，这样的建筑是缺乏生命力的。建筑符号就是文化传承的载体，它们凝聚了大量的文化信息。这些建筑符号借助于人们的推理和联想，从而引起内心深处的中国传统文化情结。中国传统建筑符号的运用可以从传统建筑原型中提取某种形态元素直接应用于现代建筑设计，也可以将其加以整理和抽象、简化和升华、概括和提炼之后应用到现代建筑设计，如上海金茂大厦的造型构思就源于中国古代密檐塔的造型（图5.50）。使具备浓郁中国传统文化元素的建筑符号有效的传承于现代建筑之中，这才是现代建筑设计运用传统建筑符号的核心和精髓。

（2）建筑形体与室内外空间的共生——"灰空间"在景观建筑设计中的运用。

1）什么是"灰空间"？"灰空间"，也称"泛空间"，最早是由日本建筑师黑川纪章提出，其本意是指建筑与其外部环境之间的过渡空间，以达到室内外融和的目的，比如建筑入口的柱廊、檐下等。也可理解为建筑群周边的广场、绿地等。空间界定的形式是多样化，我们并不总是需要以实体围合而成的封闭空间，也可以只用几根柱子，或一片墙，或一些构架来暗示一些开放性较强的空间，供人们停留与活动。这时的柱或墙是以一种被分离的姿态出现的，形成了造型效果上的"虚"或"灰空间"。这种造型手段使得室内外空间达到了和谐共生，室外是室内的延生，当人们置身其中，感受着模糊、暧昧的中性空间时，会享受到"灰空间"带来的美感（图5.51）。

图5.50 上海金茂大厦

2）"灰空间"在景观建筑设计中的应用。现在越来越多的建筑空间设计中运用了"灰空间"的手法，形式多以开放和半开放为主。使用恰当的灰空间能带给人们以愉悦的心理感受，使人们在从"绝对空间"进入到"灰空间"时可以感受到空间的转变，享受在"绝对空间"中感受不到的心灵与空间的对话。而实现这种对话，大体有以下几种处理方式：①用"灰空间"来增加空间的层次，协调单体建筑的立面空间关系，使其完美统一；②用"灰空间"界定、改变空间的比例；③用"灰空间"弥补建筑户型设计的不足，丰富室内空间。

图5.51 檐下的"灰空间"使得室内外空间达到了和谐共生

对于居民关系最密切的"灰空间"恐怕要数住宅的玄关了，它与客厅等其他空间的界定有时很模糊，但就是这种空间上的模糊，既界定了空间，缓冲了视线，同时在室内装修上又成为了各个户型设计上的亮点，为家居环境的布置，起到了画龙点睛的作用。其实，在实际生活中，"灰空间"不光在空间上有它的位置，在色彩调节等方面也有一席之地，如心理卫生专家认为，随着窗外季节的不同变化，窗外的色彩不断改变室内的环境空间，可以有效地缓解心理压力，调节心理状态，有益于身心健康。因此，正确地利用"灰空间"，可以更加丰富我们的色彩和生活。

总之，"灰空间"的存在，使我们在心理上产生了一个转换的过渡，有一种驱使内外空间交融的意向。人们其实早已习惯将灰空间运用于建筑设计和场地的营造之中，用来创造一些特殊的空间氛围。在景观建筑设计中，注重空间的营造尤其灰空间的作用，能为人们的生活创造更多更好的生活环境。

本 章 小 结

本章主要介绍了现代景观建筑设计的方法，包括设计前期分析、设计资料搜集、现代景观建筑设计的方法和详细步骤以及现代景观设计发展的倾向性。通过对人的行为习性分析，建立起景观建筑、环境、人三者之间的联系，并通过举例示范，使学生掌握景观建筑设计表达的程式化方法和技巧。希望通过对本章的学习，使学生能够掌握基本的搜集资料以及在前期设计阶段对基地的勘察认知方法，学会分析基地的环境特点、设计背景，并且以人群需求为设计的出发点，了解人的心理、行为习惯。通过学习方案的构思与表达，了解景观建筑发展的趋势和特点，从而更好地掌握景观建筑设计的方法，建立以景观为导向的景观建筑设计理念。

思考题与习题

1. 如何塑造适应地域特点的景观建筑设计？
2. 举例分析五 W 法对景观建筑活动空间的影响。
3. 建筑构思的途径与来源有哪些？
4. 建筑方案手绘表达的主要方式和技法要点有哪些？
5. 现代景观建筑发展有哪些倾向性和特点？

设计任务指导书

1. 设计题目：景观建筑设计
2. 作业目的

本作业是在适当提高设计难度、深度的前提下，对本课程所学内容的一个总结性训练。具体作业目的如下：

（1）进一步加强设计过程、设计方法的学习与训练，包括任务分析与场地勘察、实例调查与资料搜集、多方案构思及方案优化、方案修改调整及深入完善等过程步骤。并加深理解它们之间的因果关系以及在景观建筑设计中的作用、意义。

（2）加深理解景观建筑的环境、功能、空间、造型、交通、结构、围护各体系间的内在关系。

（3）学习并掌握景观建筑方案设计的基本处理手法与设计技巧。如入口、门厅、中厅、楼梯、卫生间的组织与处理等。

（4）进一步学习如何把形态构成的方法、技巧灵活运用于建筑的空间造型设计中去。

（5）进一步学习并掌握方案设计的基本表现方法，包括徒手草图、工具铅笔、工具墨线的制作技法。

3. 作业要求

（1）应充分做好设计的前期准备工作，并形成相应的文字报告。

（2）方案设计前应依据选定的设计题目，约请某一业主作为模拟设计对象，调查其工作特点、生活习惯，了解其对建筑空间、环境的要求，并在方案设计的各个阶段征询其意见。

（3）一草构思阶段要求完成三个方案构思。

（4）各阶段的方案设计应满足以下要求：

1）应充分满足基本功能活动要求，包括具体空间的大小、位置、朝向、采光、通风、景观等要求，及各个空间之间的功能关系要求。

2）应充分考虑并利用地段的环境条件（包括地形地貌、景观朝向、道路交通、周边建筑以及地区气候等），使该建筑真正成为该环境的有机组成部分。

3）应有明确的类型建筑特征，并具有突出的个性特点。

4）应充分体现经济技术可行的原则。

5）设计说明及技术经济指标（包括总用地面积、总建筑面积、各部分建筑面积及绿化指标等）。

（5）正式方案具体内容包括。

总平面图	1个	1∶200
平面图	1～2个	1∶100
剖面图	1～2个	1∶100
立面图	2～3个	1∶100
透视图	1个	限定为正常视点透视

4.学时进度

（1）一草阶段。

1）进行场地勘察、实例调查和相关资料搜集等前期准备工作，并完成调查报告。

2）完成三个构思方案。每个方案应包括总图（1∶200）、平面图（1∶100）或透视草图。

（2）二草阶段。

1）多方案比较，并确定发展方案。

2）针对方案存在的主要问题进行修改调整。

该阶段的设计成果是A3草图。草图内容包括总图（1∶200）、平面图1～2个（1∶100）、立面图2～3个（1∶100）、剖面图2～3个（1∶100）以及面积指标核算。

（3）上板阶段。

1）在评图的基础上对二草方案进一步修改调整。

2）放大比尺，推敲完善，深入细化方案。

3）对图面进行构图处理，并完成A2工具墨线正式图纸。

4）完成设计说明及技术经济指标。

参 考 文 献

［1］刘滨谊.现代景观规划设计［M］.2版.南京：东南大学出版社，2005.

［2］鲍家声.建筑设计教程［M］.北京：中国建筑工业出版社，2009.

［3］杨倬.建筑方案构思与设计［M］.北京：中国建材工业出版社，2010.

［4］胡仁禄，周燕珉，等.居住建筑设计原理［M］.北京：中国建筑工业出版社，2007.

［5］麦克 W·林.建筑绘图与设计进阶教程［M］.魏新译.北京：机械工业出版社，2004.

［6］田学哲，郭逊.建筑初步［M］.3版.北京：清华大学出版社，2010.

［7］刘福伟.现代园林休闲建筑初探［M］.上海：上海交通大学，2007.

［8］段汉明.城市详细规划与设计［M］.北京：科学出版社，2006.

第6章
现代景观建筑设计经典案例及其分析

6.1 阿尔瓦·阿尔托（Alvar Aalto）设计的玛丽亚别墅

芬兰著名建筑师阿尔瓦·阿尔托（Alvar Aalto，1898～1976年）于1938年设计的玛丽亚别墅是当代最出色的住宅之一，它可以和赖特的流水别墅、柯布西耶的萨伏伊别墅、密斯的吐根哈特住宅相媲美。

玛丽亚别墅是一处宁静优美的场所，适合于人的生活需要，坐落在距努玛库不远的小村庄里，住宅四周是一片茂密的树林。阿尔托采用了经典的L形平面塑造出一个长方形庭院，既利于北欧房子的保暖，又有北方人所需的安定感，室外半围合空间，既便于生活起居，又容易和自然环境结合。在这座建筑中精心安排了起居和服务空间，体现了对私密性的考虑。整个别墅既是一个复杂的体系，也是一个与自然密切相连的场所（图6.1～图6.3）。

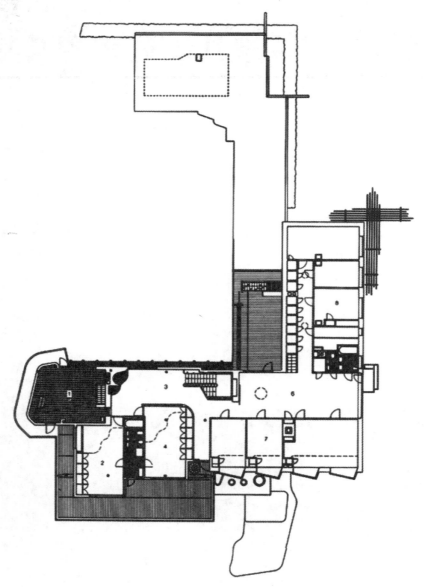

图6.1 玛丽亚别墅平面

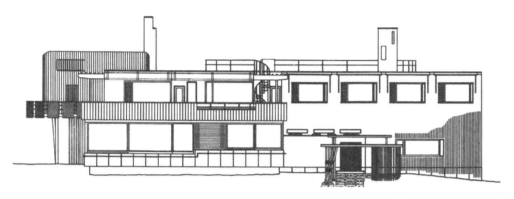

图6.2　玛丽亚别墅南立面

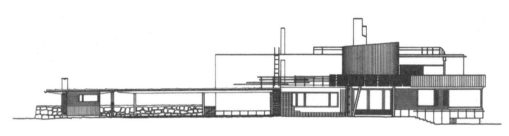

图6.3　玛丽亚别墅西立面

阿尔托设计的建筑是为人服务的，对人的关怀成为他设计的核心。在这里人与自然的关系，人与人的关系，空间与人的活动的关系都有机地结合在一起。阿尔托还运用建筑创造了一种场所，这种场所不是单一的室内或室外空间，而是室内外空间、与建筑的形体、建筑材料和光线的有机结合的场所。建筑的形成与地形特征相符，又加之独特的个性环境，这个场所不是为了好看而设计，而是围绕着人的需要来设计。

玛丽娅别墅的外观色彩主要采用白色和红色，少部分运用了褐色，完全采用材料自身的颜色，即石灰涂料和木头的颜色。这种色彩的搭配在景观中呈现出一种个性和气质。入口处在色彩、形状、质感上设计的乡土味十足，与现代主义形式的主流建筑形成强烈对比。其侧面粗糙不规则的木柱排列呼应着树木森林。沿着外墙转向建筑东侧，简单搭制而成的木棚架一面在白色墙面上投下阴影，一面指引着由庭院通向森林的小径。在这里，边界似有似无，存在的只有乡间野趣和心灵深处对大自然的向往。另外，草质屋顶、木制排水设施等细部设计，也充分体现着阿尔托对自然的引入与模仿，使别墅仿佛从泥土中成长（图6.4～图6.9）。

图6.4　以白色、红色和褐色的搭配在景观中呈现出一种个性和气质

图6.5　玛丽亚别墅远眺

图6.6 玛丽亚别墅入口设计

图6.7 不同材质的搭配组合使外观界面显得乡土味十足

图6.8 白色墙面上的投影使建筑形成强烈对比

图6.9 窗口局部设计

　　玛丽亚别墅最大的特点是在几何的理性构图中穿插了非几何形体的、贴近自然的空间结构，使之更加富有人情味。L形的建筑、肾形游泳池和与建筑布局相对的L形草堤，围合成半开敞的花园，通过坡状草堤和低矮石墙向周围茂密的松林过渡、渗透。非对称的肾形游泳池是别墅的中心主景，白色的建筑墙面和简单的花园草地成为游泳池的背景。各种构图元素的巧妙安排及其顺次拓展开来的空间维度，可以清晰地识别出现代主义构图中点、线、面、体基本构成要素的空间叠加。

　　阿尔托通过草坡、曲线、竖向界面以及色彩等独特的设计语汇，成功地将建筑融入景观，将人工延向自然。玛丽娅别墅的草坡堤岸，限定出花园的边界，环境的台地式草坡，成为塑造高差变化的语汇；游泳池的形状看似信手拈来，但却犹如自然生成，和周围的美景融为一体，在外形规整的别墅和大自然之间搭建了完美的过渡空间，这就给建筑本身提供了良好的自然精神特质；花园中的毛石墙，以及台阶两侧的建筑墙面或是高起的基地岩石，充当竖向界面的限定作用。

　　玛丽娅别墅从建筑设计到室内设计，以及家具、灯具都考虑得很周到，力求舒适美观。金属的柱子上缠满了藤条，楼梯扶手的旁边布满有藤萝攀缘，这些都增加了回归自然的意趣（图6.10～图6.12）。

图6.10　室内楼梯设计

图6.11　室内隔断设计

图6.12　室内起居室设计

6.2 赖特（Frank Lloyd Wright）设计的流水别墅

　　流水别墅建成于 1936 年，是现代建筑的杰作之一，它位于美国匹兹堡市郊区的熊溪河畔，由美国著名建筑师赖特（Frank Lloyd Wright，1867～1959 年）设计。别墅主人为匹兹堡百货公司老板德国移民考夫曼，故又称考夫曼住宅。

　　别墅共三层，面积约 380m² ，以二层（主入口层）的起居室为中心，其余房间向左右铺展开来，别墅外形强调块体组合，使建筑带有明显的雕塑感。两层巨大的平台高低错落，一层平台向左右延伸，二层平台向前方挑出，几片高耸的片石墙交错着插在平台之间。溪水由平台下怡然流出，建筑与溪水、山石、树木自然地结合在一起，像是由地下生长出来似的（图 6.13、图 6.14）。

图6.13　流水别墅外观

图6.14　建筑与溪水、山石、树木自然地结合

图6.15　锚固在自然山石上的悬挑楼板

　　流水别墅在空间的处理、体量的组合及与环境的结合上均取得了极大的成功，为有机建筑理论做了确切的注释，在现代建筑史上占有重要地位。在瀑布之上，赖特实现了"方山之宅"（house on the mesa）的梦想，悬挑的楼板锚固在后面的自然山石中。主要的一层几乎是一个完整的大房间，通过空间处理而形成相互流通的各种从属空间，并且有小梯与下面的水池联系。正面在窗台与顶棚之间，是一金属窗框的大玻璃，虚实对比十分强烈（图 6.15）。

从流水别墅的外观看，人们可以读出那些水平伸展的地坪、悬桥、便道、车道、阳台及棚架，沿着各自的伸展走向，越过谷地向周围凸伸。这些水平的推力，以一种诡异的空间秩序紧紧地集结在一起，巨大的露台扭转回旋，恰似瀑布水流曲折迂回地自每一平展的岩石突然下落一般，无从预料整个建筑是从地里生长出来的，还是盘旋在大地之上。这是一幢包含最高层次的建筑，也就是说，建筑已超越了它本身，而深深地印在人们意识之中，以其具象创造出了一个不可磨灭的新体验（图6.16、图6.17）。

图6.16　拾阶而下的悬桥

图6.17　水平伸展的棚架

在材料的使用上，流水别墅也是非常具有象征性的，所有的支柱，都是粗犷的岩石。石的水平性与支柱的直性，产生一种明显的对抗，所有混凝土的水平构件，看来有如贯穿空间、飞腾跃起，赋予了建筑最高的动感与张力，尤以悬挑的阳台为最（图6.18～图6.21）。

流水别墅浓缩了赖特独自主张的"有机建筑"的设计哲学，考虑到赖特自己将它描述成对应于"溪流音乐"的"石崖的延伸"的形状，流水别墅已成为一种以建筑词汇再现自然环境的抽象表达，一个既具空间维度又有时间维度的具体实例。

图6.18　就地取材使建筑具有了极强的适应性

图6.19　粗犷的岩石使建筑的肌理富有明显的自然特性

图6.20　混凝土浇筑的悬挑阳台纵横贯穿，赋予了建筑很好的动感与张力

图6.21　室内空间台阶和扶手的处理

6.3　路易斯·巴拉干（Luis Barragan）设计的自宅

路易斯·巴拉干（1902～1988年）是墨西哥著名的建筑师。在他的作品中，常常可以见到简单的白墙，纯净的色彩，几何形的水池或者庭院，甚至一棵树或几个陶罐，便将整个建筑深远宁静的氛围烘托的淋漓尽致，因此有人说他的园林与建筑有着明显的极少主义倾向。他的建筑也被建筑评论界喻为"宁静的革命"。他所创造的建筑空间在喧嚣的世界里给人们以心灵的庇护。他的设计源泉，是对自然与人情的深刻理解，以及丰富生活记忆与情感积累。他一直在不断地投入自己对建筑理解的尝试，而不是去顾及或参与各种建筑思潮。巴拉干的作品具有自身内在的规律，潜藏在形式与空间后面，使他的创作达到了简洁深刻的艺术效果。

巴拉干自宅位于墨西哥城郊——塔库巴亚镇中心附近一条非常安静的街道的尽头，于1948年建造完成，是一幢引起争议但最有纪念意义的建筑。这幢混凝土结构的建筑面积共有1161m²，有一个地下室及两层楼，还有一个私人小花园。住宅的外观简朴无华，与周围灰白的普通民居保持一致。住宅采用墨西哥传统的内向式住宅形式，只是环绕内院的房间被浓缩成了墙（图6.22）。

巴拉干自宅光线设计非常特别。巴拉干说："宁静是解除痛苦和恐惧的真正伟大的良药，无论奢华还是简陋，建筑师的职责是使宁静成为家中的常客。"自宅东西立面以及北立面都有厚重的围墙包围，建筑的

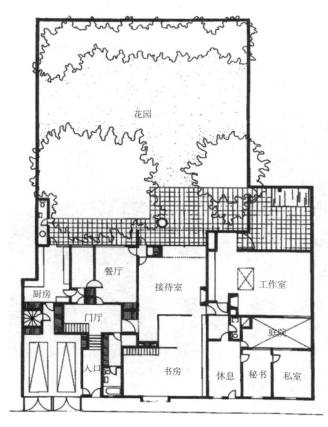

图6.22　巴拉干自宅平面

南立面开窗面积不到总立面面积的 10%，巴拉干用墙体围合完整的私密性空间。除了湛蓝的天空外，外部世界被隔离在墙外，视线的焦点集中在墙内的庭院和花园。他反对表现主义的大玻璃窗，不加选择地把外景引入，破坏了屋子的私密性与宁静。因此这些临街墙厚重，将住宅与外界隔开。为满足功能需要，墙的上方开小窗，将蓝天与阳光引入室内（图 6.23 ~ 图 6.25）。

图6.23 巴拉干用墨西哥传统的内向式手法，用墙体围合成完整的私密性空间

图6.24 墙内的庭院

图6.25 巴拉干自宅室内光线设计

对巴拉干的建筑而言，墙是最具墨西哥特色的建筑元素之一，他赋予了墙体重要的内涵。巴拉干建筑墙体多是几何形态，简洁明快，墙体丰富的质感也是他的建筑墙体的一大特点。在他的自宅建筑中，墙体被涂以体现墨西哥奔放热情民风与地域特征的绚丽色彩，质感粗粝朴实，在整个建筑中具有极大的感染力与震撼力（图 6.26、图 6.27）。

巴拉干运用色彩给空间带来了特殊的品质，用他自己的话来说，这是"魔力的一笔"。谈到墙面的色彩设计时，巴拉干说："混凝土墙看上去太可怕了，应当涂色。"在他看来，色彩就是墙的生命，也是各个元素之间相互联系的纽带。自宅中的柠檬黄色来自于他的朋友画家 Jesus Reyes 的绘画作品。墙面的洋红色也来自于 Reyes 的绘画作品。他还把墨西哥乡土建筑中常用的鲜艳色彩，如粉红、黄、淡紫色装饰他的作品，这些纯度很高的彩色墙体在墨西哥强烈的日照下，产生强烈的艺术效果，形成他特有的现代与传统结合的色彩处理方式，也使得巴拉干的建筑不仅显露出浓郁的地方特色而且具有了简明的现代感。而这种丰富色彩的应用没有给人们带来喧嚣张扬的建筑体验，相反巴拉干建筑的墙体被光色渲染，在绚丽色彩的热情和感性中隐隐地体现了平易近人。正是这种静谧与亲切，给人带来记忆与平安，使人免受世俗世界的喧嚣困扰（图6.28、图6.29）。

图6.26 墙面的洋红色在墨西哥强烈的日照下，产生强烈的艺术效果

图6.27 墙体被涂以体现墨西哥奔放热情民风与地域特征的绚丽色彩，质感粗粝朴实，在整个建筑中具有极大的感染力与震撼力

图6.28 自宅中的柠檬黄色来自于画家Jesus Reyes的绘画作品

图6.29 大玻璃窗将室外景物引入室内

室内有的地方还布置了天鹅绒的窗帘，墨西哥陶器和木雕的精品。每一样物件都凝聚着设计者的心思和对艺

术深刻的理解，表达着生活的情趣。大片晶莹的玻璃窗开向园林，没有边框，玻璃直接插入粗墙和地面。悬挑的木板楼梯，金色的挂画，这些不同物件之间的连接都是不着痕迹的，看似随意，却是经过艺术的抽象处理。楼梯没有扶手也没有梁，门消隐了门框，房间埋藏了管线。能看到的都是体块之间直接的碰撞、交接、转折。空间的界面在室内连续的延展，没有任何拖泥带水，没有任何多余的琐碎，干净利落。这种欢快清新、音乐般跳跃的情绪及率真的表达使人感到亲切和舒适。

6.4　密斯·凡·德罗（Mies Var der Rohe）设计的范斯沃斯住宅

范斯沃斯住宅是密斯（1886～1969年）1945年为美国单身女医师范斯沃斯设计的，1950年落成。自建成以来一直被认为是建筑界讲求技术精美的典范作品，是走向极端的、充满争议和浪漫色彩的不朽之作。正如其他建筑物一样，范斯沃斯住宅的构成，也在很大程度上由基地的特殊条件所促成。范斯沃斯住宅坐落在帕拉诺南部的福克斯河右岸，基地面积为3.8hm²，基地大部分为平坦的草地，夹杂着丛生茂密的树木。住宅巧妙地沿着东西轴向安置。每当秋天来临，金黄色的落叶漫射着阳光，层林尽染，风景相当优美。范斯沃斯住宅的空间构成似乎与周围风景环境一气呵成，大片大片的玻璃代替了阻隔视线的墙面。而近处高低参差的树木丛林又微妙地调整着内外空间连续性的节奏（图6.30）。

这置于田园诗般环境中的精巧的玻璃盒子是无与伦比的，它不禁使人想起欧洲18世纪古典风格的或东方建筑传统风格的亭榭。密斯把所有暴露的钢架漆成了白色，以削弱钢铁本身的冰冷感。在住宅的内部没有住宅中常设的乱石墙，它不仅保持了结构的独立性，而且几乎对位般地表现着人造物与自然环境的对比。

图6.30　范斯沃斯住宅秋天景象

住宅的平面是以标示着石灰岩地板分格的水平网格来设计的。每个格子的尺寸是0.61m×0.76m，整个房子的长度是23.5m，宽度是8.5m。附属平台长16.8m，宽6.7m。住宅室内地面高出室外地面1.5m，平台地面高出室外0.61m，住宅的净高是2.9m。在两边的4根支柱柱距是6.7m。地板和屋面在最后两根支柱两端各挑出1.7m。后面这个尺寸也表示了每跨4根次梁的间距。地面和屋面骨架中各有13根次梁，平台骨架中有9根。两种骨架的圈梁宽是0.38m。整幢住宅由6cm厚的平板玻璃封围而成，柱子之间玻璃板幅为3.2m，2.1m宽的入口从中心偏南0.3m。这一方面增加了就餐部分的空间宽度，同时也可更直接地通向客厅。核心单元用木材围成，长7.5m，宽3.7m。在其南边留出一个3.7m的空间，北边则留出1.2m宽作为厨房过道空间；在长轴方向留有一个5.4m的空间作为就餐处，另一侧3.7m的空间为寝室。另有高1.8m，宽3.7m，深0.66m的橱柜，作为床的靠背，内藏抽屉和一个电唱机。最初的图纸上还有一片矮隔断墙置于现在就餐的部位，用以隔开供客人使用的床位（图6.31～图6.33）。

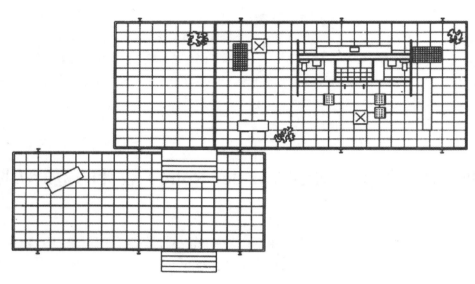

图6.31　范斯沃斯住宅平面

图6.32　范斯沃斯住宅架空的地板和地面之间

图6.33　范斯沃斯住宅附属平台

所有的管道和线路集中在一个连接于住宅架空的地板和地面之间的竖管中。从核心单元上面伸展开来的屋顶构件中设有为厨房、浴室、锅炉间和起居室壁炉而装的排气装置。暖气是由埋设在地板层中的一组热水盘来供应的。这里还辅助性地增设了一个暖风系统，在冬季如果希望室温高于热水系统所保持的平均10℃时，可以立即升温。虽然住宅没有空调，但是打开卧室里的低窗和住宅另一端相对的门，便可获得穿堂风。在门廊的地板和屋面构件中设置了可安装帘子的凹槽。在住宅每边的玻璃幕墙内侧沿天花边缘一圈都装有窗帘轨，可以拉上窗帘。显然，建筑从外到内是一气呵成的，住宅中的每一个局部都经过了严密的推敲（图6.34）。

图6.34　范斯沃斯住宅室内设计

密斯一生都信守他本人提出的"少就是多"（less is more）的原则，并始终不懈地实践着。范斯沃斯住宅是密斯·凡·德罗最后一个住宅作品，而且是密斯移居美国后设计的唯一的一幢住宅。1945年范斯沃斯医生和密斯签订了合同后的连续数年，密斯几乎没有做出任何具体的设计，因为他感到要得到完美的答案还需要长久的冥想。终于出人意料的构思出现了，可范斯沃斯却无法接受这种现代的生活方式，于是设计者和业主发生了激烈的争吵。

埃迪丝·范斯沃斯将这所房子拍卖，密斯的一位崇拜者欣然买下，并且用密斯所设计的家具布置了住宅。大师的作品终于找到了自己的归宿。

6.5 埃罗·沙里宁（Eero Saarinen）设计的 MIT 小教堂

埃罗·沙里宁（1910～1961年）是美国20世纪最受尊敬的建筑师之一，被认为是那个时代的大师。沙里宁的设计受到了密斯的严谨的设计风格的影响，利用贝壳结构原理，实现了具有动态感的空间结构，对现代建筑的动向产生了非常大的影响。

MIT小教堂完成于1955年，与他以往的作品不同。它位于MIT校园的一处树林中，圆柱体型打破了校园中刻板的形象，简单的圆柱形，内部复杂而神秘。沙里宁用简单的体型却显示了内部给人以震撼的光线效果（图6.35、图6.36）。

图6.35 位于校园树林中的MIT小教堂

图6.36 简洁的圆柱形MIT小教堂

该建筑不仅仅是完成礼拜等功能，更重要的是营造了幽静的氛围，促使人们去思考。教堂没有窗户，内部完全隐蔽在外墙之中，与连续的外墙面不同，教堂的内墙采用波浪形的内饰砖墙，这样创造了一个动态的内部空间。在教堂的周边有一圈浅黄色混凝土的道路，从道路可以进入教堂，一旦进入内部空间令游客感到意外，因为从外部空间完全不能推想出这样的内部空间。通过对光线的塑造，内部空间充满了细节。

除了起伏的墙，室内设计没有表现出沙里宁的主要设计特点，但仍然创造了令人印象深刻的气氛。白色大理石祭坛上方是 Harry Bertoia 设计的金属雕塑，从天窗挂下，在阳光下闪闪发光。这个雕塑是光的瀑布，通过它，不断改变教堂内部的光影效果。

从远处看，沙里宁的教堂是砖建筑，与附近校园内的宿舍和旧建筑物保持一致。而室内好像一个动态的灯箱，吸收和过滤从天窗下来的光线。变化的光让小教堂处于不断地变化之中，沙里宁精心设置的有关光的细节，使观众体验到言语不能完全描述的精神空间。通过对纯净的光的塑造，以及对一个超炫的白色大理石祭坛的聚焦，沙里宁创造了一个神秘安静的场所（图6.37 ~ 图6.39）。

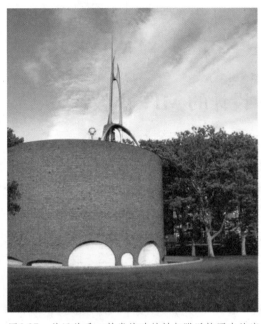

图6.37 从远处看，教堂的砖材料与附近校园内的宿舍和旧建筑物保持了良好的一致性

图6.38 白色大理石祭坛上方是Harry Bertoia设计的金属雕塑，从天窗挂下，在阳光下闪闪发光

图6.39 MIT小教堂的室内设计

6.6 理查德·迈耶（Richard Meier）设计的道格拉斯住宅

美国建筑师理查德·迈耶（Richard Meier，1934年~ ）是现代建筑白色派的重要代表。其作品以"顺应自

然"的理论为基础，表面材料常用白色，通过这样的色彩以表达建筑本身与周围环境的和谐关系。在建筑内部，他运用垂直空间和天然光线使建筑上的反射达到富于光影的效果，他以新的观点解释旧的建筑，并重新组合几何空间。他的作品最大特点是永远保持自己的特性而不是在风格上受别人的影响而迷惑。

道格拉斯住宅位于美国密西根州，在基地的西向有风景著名的密西根湖，而在基地东侧的是联结交通的乡村道路。从整个基地的地势来看，可说是相当陡峭的，整个坡度从道路以西，向密西根湖倾斜落下，而在陡峭的山壁上，则长满了高耸且翠绿的树丛，和清澈的湖水与澄蓝的天空遥相呼应。与迈耶的大部分作品一样，这幢别墅看上去优雅而精美，是空间相互渗透和相互作用的组合体（图6.40）。

与当时风靡世界的国际风格相比，迈耶的作品风格更为浪漫。这幢住宅还具有更深的建筑传统性，虽然其空间的戏剧性展开的手法不是来自国际风格，但就其所用建筑词汇来看，国际风格是其主要源泉。

迈耶设计的住宅没有勒·柯布西耶所设计的建筑空间的那种张力和骚动，而是更为悠闲和轻松。他运用建筑词汇不是为了宣扬一种独特的建筑主张，而纯粹是为了视觉上的舒适。坐落在一块使人头晕目眩的陡坡上，高高地俯视着密西根湖。周围树木葱翠，而住宅则以纯白色置于其中，恰似从割断人造环境的千丝万缕中切取来的一块完美的机械工艺品，又让它陨落于自然中。

通过正门进入住宅，房子的全部规模一目了然。钢管的栏杆和圆形的烟囱使人产生一种置身于船上的感觉。从进厅眺望湖面，视野却受到限制，只能取得狭窄的一瞥，住宅其他部位的体验也是如此，使你始终无法轻松地一览无余。由进厅右转为封闭的楼梯间，往上走一层可达卧室的阳台，从这里可俯视两个层高的起居室，视野豁然开朗，透过临湖的大玻璃，前方景色尽收眼底。

住宅的私密部分和公共区域之间的区分由于采用了贯穿整个居室空间的光，而被勾画得更加明确了。天光首先从入口层照入，通过两层高的起居室，再通过地板上柔和的曲线形的开口，而后将光洒在餐厅层。这个光把靠湖一边的空间全部连接在一起，进一步增加了住宅整体上的垂直感，以及结成一体的公共空间和围护起来的卧室之间的区别感。

起居室是迈耶设计的最佳空间之一。它正对密西安湖，其最佳框景效果在室内空间造型上起了主要作用，使房间畅俯湖面，框出湖景如画。在这里并没有菲力浦·约翰逊的"玻璃之家"那种身在室内犹如在室外的感觉，而是创造了开敞和封闭二种感觉之间完美的平衡（图6.41～图6.43）。

图6.40　道格拉斯住宅外观　　　　　　　　图6.41　道格拉斯住宅起居室设计

图6.42 从这里可俯视两个层高的起居室   图6.43 从阳台眺望湖面，视野豁然开朗，前方景色尽收眼底

树木、湖水、变幻的天空是房间的装饰，白墙未加修饰。房间内的家具是柯布西耶式的椅子和迈耶设计的沙发及咖啡桌，他们在界定空间而不喧宾夺主，这一点上起了很好的作用。

6.7 贾维尔·赛诺西亚（Javier Senosiain）设计的炫色鹦鹉螺

由墨西哥建筑师 Javier Senosiain 设计的外形酷似鹦鹉螺的住宅，坐落在墨西哥 Naucalpan，建筑面积 330m^2。

建筑师为了让设计概念能够得到进一步发展和体现，他试图从更深的层面去理解自然的法则。在整个设计过程中，建筑师试图根据现有的条件挖掘其内在的造型，而非刻意套用一个蹩脚的建筑形式，去尝试发觉事物本身的、纯天然的造型是 Javier Senosiain 设计的宗旨。

根据这里螺旋状的地形地貌，设计师试图通过对数的螺旋状轮廓来塑造建筑，让它可以顺应地势的变化。他不断地对建筑模型进行修改，直到意识到这个空间是应该表现为鹦鹉螺的样子。虽然设计师本能地认为鹦鹉螺造型很适合这个项目，但他也不免担心这会让建筑显得很牵强。最后他仍然决定坚持自己的想法，克服设计过程中出现的种种难题（图 6.44）。

进入这座鹦鹉螺式的建筑需要经过一段楼梯，和一扇巨大的漂亮的彩色玻璃制作而成的窗户。置身在这个空间内，你会发现几乎所有的墙壁、地板乃至天花板都是不平行的，就好像所有的东西都在不停地流动着。而当人们走在螺旋状的楼梯上时，会觉得这个本来只是三维的流动空间会带给你像是

图6.44 鹦鹉螺住宅外观

四维空间的感受，你走过楼梯，就像从那些绿色植物上面滑过，带给人们如在户外旅行般的享受。值得注意的是，其内部的家具仿佛是随着建筑的造型衍生而来，这个巨大的、连续而整体的空间被自然地塑造成人们的起居环境，并配有可根据人们日常行动调节光线的灯，这种完全按照大自然的节奏而来的设计，真是美妙非常（图6.45～图6.51）。

图6.45 鹦鹉螺住宅入口

图6.46 光线透过一扇巨大的漂亮的彩色玻璃使室内效果充满炫色

图6.47 巨大的、连续而整体的空间被自然地塑造成人们的起居环境，并配有可根据人们日常行动调节光线的灯

图6.48　置身于这个空间内，你会发现几乎所有的墙壁、地板乃至天花板都是不平行的，就好像所有的东西都在不停地流动着

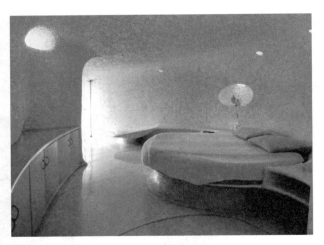

图6.49　二层的卧室设计

图6.50　休息区设计

图6.51　卫生间设计

　　在鹦鹉螺住宅内的空间都是开敞式的，它开设了很多窗户，在里面任何一处空间内都可以看到户外的景象。无论人们是走在旋转楼梯上，穿过大厅，走进电视间，或是通过旋梯踏进书房，都可以看到户外层峦叠嶂的自然景色。

　　这栋住宅带给人们的感受也就像蜗牛生活的壳子：坚固、有安全感、可以遮风避雨。

　　在建筑的通风方面，设计师设计了两组在地下的通风管道，房屋能够根据季节变化调控温度。当外面很热时，室内温度会适当降低，并通过蜗牛的螺旋状外壳调节新鲜空气以供室内使用，与此同时，将热空气从鹦鹉螺上方排出；而当外部很冷的时候，室内则会保持相对的恒温。

6.8　Zeidler 建筑设计公司设计的加拿大驻韩使馆

　　位于首尔的加拿大使馆由 Zeidler 建筑设计公司设计，建筑面积 833m²，项目场地还与 Deoksoo 宫殿附近的 Jeong-dong 区共同拥有一棵生长了 520 年之久的老槐树，一个鲜活的自然象征。

　　整个设计的中心被拉回到两栋主楼之间，创造出一个入口广场，和一个主要点上种满树的聚会场所。建筑的底部，二条西方红枫组成的曲折树带将两个主要街区连接起来，轻轻地勾勒出树边的公共空间，丰富了场地肌理与材料（图 6.52）。

　　使馆在材料选择上非常细致，建筑材料为石头、砖块和从灰色到红色的木头，所选材料需要与项目场地环境在颜色与纹理上达到和谐。使馆的设计扩展了沿宫殿围墙蜿蜒的人行道，使用红砖铺地，将树木围合起来，与旁边灰色花岗岩铺地形成鲜明对照。设计中还采用了深灰色花岗岩的石凳，这样道上的行人可以坐在树下休息。广场边缘的水声则可以将游客吸引至垂直水景，一睹墙另一边花园的风采。

图6.52　使馆外观设计

　　透过室外花园的树木仅仅隐约看到大楼一层里面，大楼一层是半开放空间，有接待处、展示区、餐厅。从拥有可伸缩墙面的多功能室可以看到里面的私家墙面花园，花园围墙的色彩和材质选择是为了方便种植的葡萄攀爬。在这个紧凑的场地内，线性的墙面花园、倒影池都能让人眼前一亮。入口庭园处，花岗岩的铺装地面仿佛一棵棵水面上"漂浮的圆木"，穿过主要空间，到达花园的底部（图 6.53 ～图 6.56）。

图6.53　使馆使用红砖铺地，将树木围合起来，与旁边灰色花岗岩铺地形成鲜明对照

图6.54　入口处还采用了深灰色花岗岩的石凳，方便路上的行人坐在上面休息

图6.55　花园围墙的色彩和材质选择是为了方便种植的葡萄攀爬。在这个紧凑的场地内，线性的墙面花园、倒影池都能让人眼前一亮

图6.56　广场边缘的水声将游客吸引至垂直水景，一睹墙另一边花园的风采

　　在项目建设期间对老树的保护非常重要，其周围的设计都要将对它的影响降低到最小，而且要围起树木周围一圈，保证施工期间所需地下水。负责景观设计的 A.D.Regehr 景观设计公司提出了最初的树木维护方案，之后由树木专家评定。项目施工期间两名教授更是随时关注树木的情况。场地的设计利用了一些可以提升项目可持续性的设计方法——利用现有的场地将排水系统直接引入景观区域；结合当地的材料，通过一个高密度自动系统将停车场的面积控制在最小，扩大公共空间；通过幕墙设计减少灯光污染。最后，技术难题的攻克与场地本身的意境让人们都愿意更加亲近这颗老槐树，因为它看起来就像是围墙花园中一颗璀璨的宝石。

6.9　Taylor Cullity Lethlean 景观设计事务所设计的皇家植物园

　　由 Taylor Cullity Lethlean 景观设计事务所设计的澳大利亚皇家植物园，占地面积约 25 公顷，该植物园位于墨尔本市郊东南的克兰伯恩，项目预算资金约为 1.8 亿美元。

　　澳大利亚植物园面向澳大利亚国内外游客开放。游客在这里可以领略到未经开垦过的天然森林和湿地风景，也可以欣赏到澳大利亚特有的丰富的植物物种。景观设计师的主要目标是要在设计中体现澳大利亚人民与其国家特有植物间的关系，运用和扩展现有的设计理念，给游客一种全新的体验。

　　植物园设计主题是探索和表达澳大利亚人、景观以及植物之间的和谐关系。设计提出了一个合理的总体框架，在这个框架下，植物园内不同的展区将随着时间的变化呈现出不同的风景。植物园将在原有的设计理念、构造实践和社区休闲模式下建造，同时现代的选址和人文环境将带给游客一种全新的感受（图 6.57 ~ 图 6.62）。

　　植物园旨在突出展现澳大利亚植物物种的特性，以此激发游客游览植物园的兴趣。对植物园的多重体验、对美的欣赏，无论是宏观上的、还是植物本身带来的各种情绪，都会激发游客对植物园的深入探索。为了点燃游客的好奇心，植物园将突破人们对于普通植物园的观念，为一些游客提供知识，引导他们对植物园的全新认识。

图6.57 皇家植物园鸟瞰

图6.58 地面红色和白色搭配，视觉对比强烈

图6.59 植物园的整体布局、现代选址和人文环境给游客一种全新的体验

图6.60 雕塑与装置艺术使植物园具有极强的景观效应

图6.61 植物园雕塑与水体

图6.62 植物园的细部处理

6.10 Michel Rojkind 设计的巧克力博物馆

雀巢巧克力博物馆位于墨西哥城，建筑紧挨高速公路，临街立面的玻璃大橱窗上有雀巢的标志。建筑占地面积为 634m²，包括大厅、小影院、一个连接内部商店和影像厅的走廊（图 6.63）。该建筑由墨西哥建筑师 Michel Rojkind 设计。

图6.63 位于墨西哥城的雀巢巧克力博物馆

该建筑完全颠覆了常态建筑形状，动态的建筑外形像是一个孩子的折纸作业，折角反复出现，形成一个筒形的通道，随着功能的变化而转折变化，不断复制和转换着形态，向参观者展示变化中的建筑美。而建筑外观耀眼的红色与内部纯白的意境，加强了建筑被折叠的感觉。像纸板一样折叠的建筑所带来的不均衡的感觉以及视觉上的延伸，正是建筑师设计理念的完整体现。这种造型和建筑内部的巧克力展览也有关，参观建筑的过程就像一块包裹着薄薄糖纸的巧克力被慢慢剥开，当孩子们步入这个博物馆时，也就意味着他们参观巧克力工厂的旅程开始了，一个缤纷多彩，趣味十足的世界正在等待着他们。博物馆内的待客区和影院给孩子们带来雀巢集团的全新体验（图6.64～图6.72）。

图6.64 折形的动态的建筑外形完全颠覆了常态建筑形状

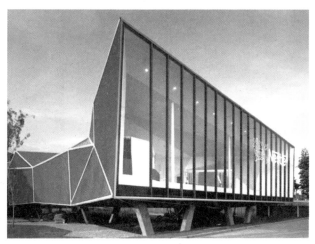

图6.65 建筑外观耀眼的红色与内部纯白的意境，加强了建筑被折叠的感觉

图6.66 雀巢巧克力博物馆入口设计

图6.67 入口内部空间设计

图6.68 雀巢巧克力博物馆门厅设计

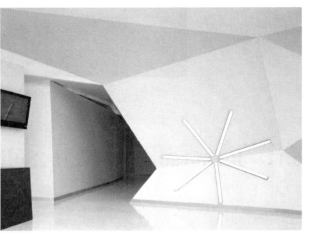

图6.69 博物馆门厅墙面灯饰设计

博物馆内还设有商店，再一直往里走，有一条通道直接通往巧克力工厂的隧道（图 6.64 ~ 图 6.72）。

难得的是，整个博物馆的设计只用了 1 个月时间，建造仅仅用了 2 个月。整个项目的设计和施工，一共只用了两个半月时间就完成了。这所有的一切要归功于科技的力量，是科技的力量节约了时间和金钱。

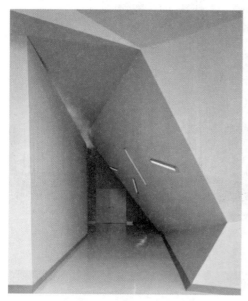

图6.70　博物馆过道墙面设计

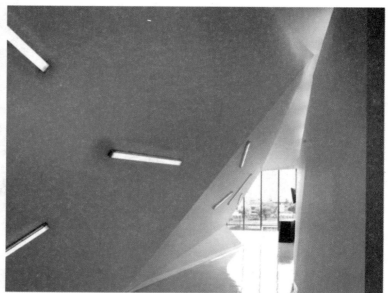

图6.71　通过过道远处的玻璃，能看到室外的风光

图6.72　博物馆内的待客区和影院给孩子们带来雀巢集团的全新体验

6.11　Baumraum 建筑设计公司设计的树屋

位于德国 Gross Ippener 的树屋是由德国 Baumraum 建筑设计公司设计的。Baumraum 的设计师们联合了最优秀的建造师、环境艺术设计师、最好的施工人员以及植物专家，共同打造了这个特色项目，于 2008 年

8月竣工完成。

树屋体量较小，高度只有5.6 m，建造在两棵成熟的橡树之间，小而精致，其优雅流畅的弧线造型，像一条快艇凌驾于大树之上，别有一番趣味。除了作为孩子们玩耍躲藏，还可以作为临时的客房，供大人们放松谈天说地时使用。该建筑和周围的环境很好地结合在一起，能够给人们一种特殊的满足感（图6.73、图6.74）。

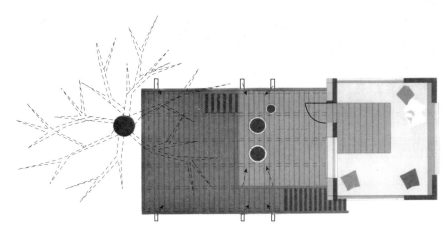

图6.73　树屋平面设计

树屋可以称得上是一种小型的生态建筑。为了最大限度的保护生态环境，确保树木的自然生长不受影响，它的建造不使用任何螺栓、铆钉等任何可能伤害到树木的零件，而是严格的通过力学分析，将其重量均匀地分布在各个枝干上，并且凭借特制的结实安全带和可调控的钢索来固定它，使其保持平衡（图6.75）。

图6.74　树屋外观设计

图6.75　树屋建造没使用任何螺栓、铆钉，而是用特制的结实安全带和可调控的钢索来固定

玻璃和钢材的使用使树屋空间显得通透，充满了现代感。由于体积的局限性，树屋虽然外表看来形态不一，但是其内部装饰并不复杂，大面积的窗口是为了让人们看到室外的美景，有的树屋内直接铺设了柔软的地面，有的则设置了可折叠坐椅，这些都要根据定制者的需求而定（图6.76、图6.77）。

树屋如其说它是一种建筑，不如说它是一个梦想之地。也许在人类的内心深处仍然摆脱不了对大自然最初的依恋，而树屋这正是实现了人类内心最难以磨灭的、穿越时空的渴望。

图6.76 大面积的窗口是为了让人们看到室外的美景　　　　图6.77 树屋内铺设了柔软的地面，方便旅客休息

6.12 贝聿铭设计的苏州博物馆

苏州博物馆由美国华裔著名建筑大师贝聿铭设计，新馆位于苏州古城北部历史保护街区，与拙政园和太平天国忠王府毗邻，设计占地面积 15000m²。博物馆包括一个占地 7000m² 的展览馆，一个容纳 200 个座位的礼堂，一个文物商店，行政办公室以及文献资料图书馆和研究中心，另外还有一个空间用作储藏，以及一些中国园林小品（图 6.78 ～ 图 6.80 ）。

贝聿铭设计的新馆理念是"中而新、苏而新"，以园林式布局，追求和谐的尺度，表现了对传统的传承和创新。空间上更是精益求精，并在各个细节上都体现出丰富的人文内涵，使之成为一座既有苏州传统园林特色，又有现代建筑风貌的综合博物馆。

新馆建筑采用开放式钢结构，替代了苏州传统建筑的木构材料。在新馆的大门、天窗廊道、凉厅以及各个不同的展厅的内顶上都可以看到这一特点。开放式钢结构既是建筑的骨架，又成为造型上的特色，它带给建筑以简洁和明快的效果，更使建筑的创新和功能的拓展有了可能和保障。

新馆建筑色彩与传统建筑色彩极为协调。在高低错落的体量中，均匀的深灰色石材屋面以及其下白色墙体周边石材的边饰，与白墙相配，清新雅洁，与苏州传统的城市肌理相融合，为粉

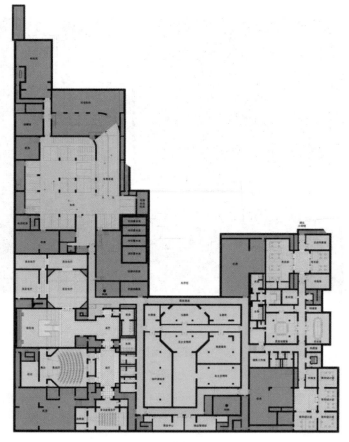

图6.78 博物馆平面

墙黛瓦的江南建筑符号增加了新的诠释。

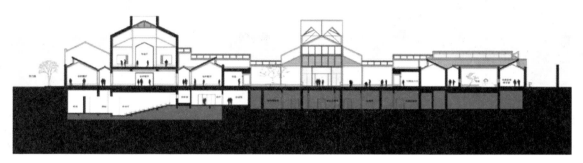

图6.79　博物馆立面

图6.80　博物馆鸟瞰模型

"让光线来做设计"是贝氏的名言。新馆建筑独特的屋面形态，突破了中国传统建筑"大屋顶"在采光方面的束缚。新馆屋顶之上，立体几何形框体内的金字塔形玻璃天窗的设计，充满了智慧、情趣与匠心。木纹金属遮光条的广泛应用，使博物馆内充满了温暖柔和的阳光。

新馆建筑将三角形作为突出的造型元素和结构特征，表现在建筑的各个细节之中。在中央大厅和许多展厅中，屋顶的框架线由大小正方形和三角形构成，框架内的玻璃和白色天花互相交错，像是一幅几何形错觉绘画，给人以奇妙的视觉感受（图6.81～图6.87）。

图6.81　博物馆内部入口设计

图6.82　博物馆凉亭设计

图6.83　新馆建筑屋面形态突破了传统建筑"大屋顶"在采光方面的束缚，屋顶之上立体几何形体设计，充满了智慧、情趣与匠心

图6.84　用均匀的深灰色石材做屋面以及其下白色墙体周边石材的边饰，与白墙相配，清新雅洁

图6.85　走廊由透过天顶造成的线状光书写着，如同走在了古老的竹帘下，传统符号在光线中简洁地演绎着现代的气息

图6.86 "以壁为纸，以石为绘"，具有现代平面构成的山水景观，不仅是在传统基础上的一种尝试和创新，更是园林新的设计理念

图6.87 建筑中庭借鉴传统"老虎天窗"的做法，但窗户开在了屋顶中间部位，屋顶形成一个折角，光影交错，整个空间充满了祥和与大气

参 考 文 献

[1] 王受之. 世界现代建筑史 [M]. 北京：中国建筑工业出版社，2004.

[2] 王小红. 大师作品分析：解读建筑 [M]. 北京：中国建筑工业出版社，2008.

[3] 张绮曼，郑曙旸. 室内设计经典集 [M]. 北京：中国建筑工业出版社，1995.

[4] 王胜永. 景观建筑 [M]. 北京：化学工业出版社，2009.

[5] 克瑞斯·范·乌菲伦. 景观建筑设计资料集锦 [M]. 刘晖，梁励韵译. 北京：中国建筑工业出版社，2009.

[6] International New Landscape 国际新景观. 全球顶尖 10×100 景观 [M]. 武汉：华中科技大学出版社，2008.

[7] 布朗出版集团. 景观建筑设计 1000 例 [M]. 周建云，谢纯译. 北京：中国建筑工业出版社，2009.

[8] 张绮曼，黄建成. 中国环境设计年鉴：2010 景观篇 [M]. 武汉：华中科技大学出版社，2010.

[9] http：//www.sj33.cn.

[10] http：//www.archgo.com/.